歴史・戦史・現代史

実証主義に依拠して

大木 毅

角川新書

まえがき

二〇一九年に拙著『「砂漠の狐」ロンメル』（角川新書）ならびに『独ソ戦』（岩波新書）を上梓《じょうし》して以来、この両著に関連する、あるいは、より広く戦史・軍事史について述べるような論考やエッセイ、また書評や解説を求められることが多くなっている。

いずれも、依頼されるまま、折々に綴《つづ》ったものであるから、なかなか一冊にまとめることは難しかろうと思っていたが、角川新書編集長岸山征寛《きしやまゆきひろ》氏より、「本になります、主題ごとに章を立てられるだけの一貫性がある」との有り難いお言葉をいただき、このたび、それらに加筆訂正をした上で書籍化に踏み切ることにした。

実際、こうして、それぞれのテーマごとに並べてみると、とどのつまり、筆者の関心はひとつところをぐるぐると回っているのだな、と思い知らされたものだ。すなわち、本書のタイトルとした「歴史・戦史・現代史」である。

むろん、歴史全般に興味を抱いてはいる。なかでも、人間の憂鬱《ゆううつ》な営みである戦争とは何か、いかなる変遷をたどってきたかということへの「解釈欲」は、おそらく平均以上に強いと思う。時代的には、現在われわれが生きている社会（一言でいえば「大衆社会」ということになるか）が成立して以降の歴史——現代史に探究心を強く刺激される……。

なるほど、同一の動機にみちびかれているかぎり、何を書こうと、そうした筆者の問題意識が必然的にその文章の通奏低音となるのだった。

かかる認識から、素朴ではあるけれども、もっとも直截《ちょくせつ》な『歴史・戦史・現代史』を書名に選ぶこととした。なお、サブタイトルの「実証主義に依拠して」は、岸山編集長が付してくれたもので、最初は大仰な、と気恥ずかしく感じられたのであるが、たしかに筆者の拠《よ》りどころはそこかと認めざるを得なかった。

ポストモダンの歴史学への移行などが声高に唱えられるなか、それが骨董品《こっとうひん》的な姿勢であることは承知している。しかし、歴史を学びはじめてからおよそ半世紀、さまざまな理論がうたかたのごとく過ぎ去ったのちに残るのは、愚直な実証主義の営為のみであったというのは、筆者の体験的実感である。敢《あ》えてアナクロニズムの道を選ぶゆえんだ。

以下、各章の主題について、あらかじめ説明を加えておく。いわゆる自著解題となるので、なんとも面映《おもは》ゆいことではある。とはいえ、雑誌等、さまざまなメディアに発表された時点でのコンテクストを外れたかたちの収録であるから、おそらくは必要な補足であろう。

第一章「『ウクライナ侵略戦争』考察」には、二〇二二年に勃発《ぼっぱつ》した「ウクライナ侵略戦争」について著した文章を収めた。筆者が学んでいるのはもとより戦史・軍事史であり、それらを解釈するのに必要な知識である用兵思想である。本来ならば、現状分析は専門外であり、出る幕ではないのだが、日本では、この種の、作戦次元と呼ばれるレベルでの考察が不足しているためか、いわば隣接分野を研究しているにすぎない筆者にまでも解説が求められた。日本が抱える特殊な事情のなせるわざといえる。

戦争には、政治の下に、戦略・作戦・戦術の三次元があるとはよくいわれることである。そのうち、戦略次元に関しては国際政治や安全保障の研究者が、戦術次元については軍事評論家といわれる人々が説明できるだろう。しかしながら、二〇二二年の開戦からおよそ一年のあいだ、注目すべき現象の多くは作戦次元、つまり、日本においては解説を加えられる人材が手薄なレベルにおいて、だったのである。

それゆえ、筆者もまた、鳥なき里のコウモリよろしく出ていくことになったし、そうした荷の重い仕事を引き受けるのも、必ずしも無用ではなかったろうと自負している。

もっとも、日本にも、作戦次元でのウクライナ侵略戦争を語れる人材がいないわけではない。現役の幹部自衛官、それも一佐クラスで、現場の責任を負っている人々ならば、より適切な説明ができたはずだ。しかしながら、彼らは政治的制約から、制服を着ているかぎり、自らの洞察を公にすることができない。政治を判断する上で、軍事は無視できないファクターであるとの常識が、日本でもようやく一般化しつつある今、そこにある知を社会に還元する上で、急ぎ改善されなければならないポイントだと思われる。

なお、筆者は、今次の戦争を「ウクライナ侵略戦争」と呼称している。いうまでもなく、これが侵略でなければ何を侵略とするのかという、典型的な不法行為であるからだ。

また、第一章に収めた文章については、のちに事実誤認とわかったことの修正以外は極力発表時のままにとどめるように心がけた。筆者の誤謬《ごびゅう》や誤判断も含めて、事態が現在進行形であるときに、同時代の人間がどう考えていたかを、後世検討する際に、手がかりになることを考慮しての措置である。

第二章「『独ソ戦』再考」には、独ソ戦をめぐる興味深いエピソード、もしくはその解釈について記した文章を集めた。先に触れた拙著『独ソ戦』は、幸いにして多数の読者を獲得することができた。さりながら、新書の限定されたスペースで最低限必要な知識を論述するという制約から、きわめて興味深い事象ではあるけれども、文字通り割愛した挿話も少なくない。いささか落ち穂拾いの観はあるとしても、それらをこうしてまとめることができたのは、筆者にとって幸いであった。『独ソ戦』の一種の補完として、お読みいただければ嬉《うれ》しい。

第三章「軍事史研究の現状」には、日本における戦史・軍事史研究の現状に関する疑問を述べた文章ならびに新旧の優れた文献についての解説・書評を集めた。日本において、戦史・軍事史の研究、とくに狭義のそれがなおざりにされてきたことは、筆者がつとに指摘してきたところである。軍事が忌避されながらも、その事例や概念を使った粗雑なアナロジーが跋扈《ばっこ》するのも、かような風潮の当然の帰結だったといえよう。

一方で、自衛隊による戦史・軍事史研究も、真の意味での戦訓を引き出すのではなく、旧軍流の初めに正解ありき、精神論重視の「教訓戦史」に向かう傾向が強まっているように思われる。合理的な解決を見いだし得ないとき、精神論に走るのは、古今東西の戦史にいくらでも先例がみられることである。あるいは、こうした動きも、中国に対する劣勢があきらかになりつつある今日の自衛官の絶望が、ねじれたかたちで表出したとみることもできるかもしれぬが、なんとも危ういことであるといわざるを得ない。

第三章の核には、かかる傾向への批判を据えている。

第四章「歴史修正主義への反証」には、日本に蔓延《まんえん》している、一見したかぎりでは歴史の歪曲《わいきょく》とはわかりにくい戦史論に対する反駁《はんばく》を主として収めた。

政治的動機をモチーフとする、いわゆる「歴史修正主義」は、たとえるなら原色で塗りたくられているため、それを見誤ることはまずなかろう。しかし、真実の探求以外、自己承認欲求や読者の人気獲得（「経済歴史修正主義」とでもいうべきか）などの別のモチーフを持ちながら、表面的には篤実な在野の「戦史研究家」の主張とみせかけた（もしくは夫子《ふうし》ご自身がそうと確信している）議論の心底《しんてい》は、なかなかそうとはわからない。多くの場合、もっともらしい典拠が添えられており、論説の体裁《ていさい》はととのえられているからだ。

　とはいうものの、歴史の論証について専門訓練を受けた者には、都合の悪い史資料のネグレクト、恣意《しい》的引用、奇矯《ききょう》な解釈へと誘導する強引な論理など、その「詐術」の手口は一目瞭然《りょうぜん》なのであるが——。

　かくのごとき俗流歴史修正主義の否定を試みた文章の多くを第四章にまとめた。それが成功しているかどうかは、読者の判断におまかせする。

　第五章「碩学《せきがく》との出会い」は、本書のなかでも、もっとも随筆的な一章で、筆者に影響を与えた書物について記した文章を収録した。はからずも戦史・軍事史に関する読書案内の体《てい》をなしたが、もちろん、そのように受け取っていただいても、いっこうに構わない。逆に、愉快な読書体験についてのおしゃべりとみてもらっても、何らさしつかえないのである。

　以上、本書をお読みいただく前の予習として、その論点を列挙してみた。

本書が、戦史・軍事史、現代史、ひいては歴史全般に関心を抱く読者の助けとなれば、筆者として、これに優る喜びはない。

目次

第三章　軍事史研究の現状

第五章　碩学との出会い

第一章「ウクライナ侵略戦争」考察

「軍事の常識」による推論とその限界
――戦史・軍事史と用兵思想からウクライナ侵略を考える

戦争研究

最初にお断りしておきたいが、筆者は安全保障や軍事の現状分析を専門とするわけではなく、主として第二次世界大戦史や各国軍隊の用兵思想を歴史学の手法によって研究している。戦争という人間の営みの一つ（残念ながら、そう呼ばざるを得ないであろう）を、政治学、歴史学、社会学などのさまざまな方法を用いて論究する「戦争研究」（war studies）という学問分野があるけれども、筆者のなりわいもその範疇《はんちゆう》に入るかもしれない。

遺憾ながら、このような、戦史・軍事史や用兵思想の知識、敷衍《ふえん》するならば、軍事の常識にもとづいて紛争を分析するという視点は、日本のジャーナリズムや学界に著しく欠落している。ゆえに、筆者が、軍事的合理性を基準として、この戦争をどのように予測し、そのうち、どこまでが正鵠《せいこく》を射ており、どこからが的外れだったか、言い換えれば、軍事の常識による判断の有効性と限界を、ここで述べておきたい。そうした試みは、ウクライナ侵攻、ひいては戦争を考える上で、まったく貢献しないというわけでもあるまい。

なお、以下の判断や推測の根拠としたのはすべて、新聞雑誌やテレビ、インターネットで誰もがアクセスできる、いわゆる公開情報である。

侵攻はあり得る

二〇二二年一月の末ごろからだったか、ロシア軍のウクライナ国境への集結が報じられるようになったあたりから、戦争になるのだろうかと問われることが多くなった。なんとも無愛想なことではあったが、筆者はそのたびに「まったくわかりません」と答えるのが常であった。戦争には、戦略・作戦・戦術の三階層があるとは、よくいわれることである。だが、開戦決定は、そのさらに上の次元、政治によってなされるもので、軍事的合理性からはナンセンスなことであろうと実行され得るからだ。

しかしながら——人心を惑わす流言蜚語《りゅうげんひご》のたぐいになりかねないと思い、黙っていたものの、侵攻が実行される可能性は高いと思っていた。

ドンバス地域
ロ シ ア
チュルニーヒウ
クルスク
ブチャ
キーウ
ハルキウ
イ ナ
ドネーツィ
(ドニェツ)川
ルハンシク州
セヴェロ
ドネツィク
イジューム
ルハンシク
ドニプロー川
ドニプロー
ドネツィク州
ドネツィク
ザポリージャ
ロストフ・ナ・ドヌー
マリウポリ
エネルホダル
ヘルソン
オデーサ
アゾフ海
ズミーイヌイー島
クリミア半島
クラスノダール
クリミア大橋
黒 海

ウクライナと周辺国

ミンスク
ベラルーシ
ワルシャワ
ポーランド
クラクフ
リヴィウ
ウ　ク　ラ
スロヴァキア
モルドヴァ
ハンガリー
ルーマニア
セルビア
ブカレスト

理由の第一は、ウクライナ国境に集結したロシア軍の規模である。イギリスの国際戦略研究所が発行する『ミリタリー・バランス』など各種の資料によって、ロシア軍の総兵力はあきらかにされている。そこから、極東や中央アジアに残しておかなければならない部隊やバルト三国やポーランドに展開するNATO軍に対する備えを引き算していくと、ウクライナ国境に集められたのは、ロシア軍が使用し得る兵力のほぼすべてであると思われた。この推測は、西側の国防筋が発表した判断によっても裏付けられた。

これだけの軍隊を集結した以上（その作業だけで厖大《ぼうだい》な経費がかかっていることはいうまでもない）、ロシアは、それに見合うだけの成果を挙げなければならない。少なくとも、所期の目的であるウクライナの中立化・非武装化は貫徹せざるを得ないだろう。しかし、ウクライナ側にとって、この条件は自らの生存をロシアにゆだねるということにほかならず、呑《の》めるわけがない。したがって、交渉による妥協はきわめて困難である。

こうして推論を進めていく際に想起されたのは、一九八二年のフォークランド戦争だった。当時、筆者は学生だったが、イギリスが派遣すると発表した艦隊が、英海軍の保有する艦船のうち、どの程度の割合にあたるかを検討してみた。結論は、イギリスは使用し得る艦隊をすべて投入しているとなった。これでは、アルゼンチンが無条件でフォークランド諸島より撤退するというようなことがないかぎり、英海軍の矛が収められるものではない。戦争に至る可能性は非常に高いと思ったことを記憶している。

理由の第二は、ロシア軍の戦力の優越であった。安全保障上の原則の一つに、脅威とは、意志ではなく、能力であるということがある。侵略する気があるかどうかではなく、侵略できるだけの力があるか否かが問題になるということだ。その点からみれば、ロシア軍には、質と量の両面での装備の優越、軍隊を動かすドクトリン（軍事の場合は、その軍を動かす根幹となっている用兵思想にもとづいて定められた運用方法などを指す）の進歩などでウクライナ軍を凌駕《りょうが》しており、侵攻の能力を十二分に有していると思われた。ただし、本稿後段で述べるように、それは筆者の過大評価であったのだが――。

これに対して、ロシア軍が集めた二十万程度の兵力では、ウクライナを押さえるにはまったく不足であるから侵攻はないとする見解もみられたけれど、筆者はそれに与《くみ》しなかった。独ソ戦や日中戦争のように、長期にわたって広大な地域の直接占領をやろうというなら、たしかに二十万では足りない。だが、ロシア軍はおそらく短期間の攻勢によって、ウクライナの諸要地を手中に収めたのち、複数の傀儡《かいらい》政権を樹立し、間接占領と分割統治を実施するだろう。であるとすれば、ロシア軍の戦力（将兵の頭数である「兵力」ではない）は、短期戦によるウクライナ正規軍の撃破という目的を達成できる水準に達したと、筆者は考えた。

理由の第三は、とっぴなようではあるけれども、株価である。このアプローチは、旧陸軍の情報将校で、米軍の作戦企図を正確に推測するところから「マッカーサーの参謀」とあだ名された堀栄三《ほりえいぞう》中佐のひそみに倣った。堀中佐は、中立国を通じて、アメリカの新聞などを取り寄せ、株価をにらんでいたという。大作戦の前には大量の医薬品が調達されるから、製薬会社の株が上がる。それを判断材料の一つにしていたのだ。

筆者も、ロシアの製薬会社の株価に関するデータを検索してみたが、探し方が悪いのか、それとも株価が公開されていないのか、見つけられなかった。それではと、燃料調達と関係のある石油関連企業の株価に当たってみると、こちらはすぐにわかった。ガスプロム・ネフチをはじめとする石油会社の株価は一月下旬ごろから上がっている（開戦とともに急落）。もちろん、ベラルーシで大演習が行われていたので（あとからみれば、これはロシア軍集結の名目だったのだが）、その燃料調達の影響とみなすこともできたが、良くないきざしであったことは間違いない。

いつ、どのように

いずれにせよ、侵攻が現実のものとなる可能性は非常に高いと筆者は判断し、その前提のもと、いつ、どのようなかたちで作戦が実行されるかを予測してみた。

まず想定しなければならないのは、ロシアとウクライナの春と秋に訪れる泥濘期《でいねいき》である。

気温が上がり、表土が露出すると、日中の陽光を吸った大地は雪を解かして、膝《ひざ》まで浸《つ》かる泥沼と化す。英語で「深さ二フィート（七十センチ弱）の沼」と表現されているのを読んだことがあるが、地表はそういう状態になってしまう。もちろん、地上部隊の路外機動はきわめて困難になる。

今日の技術による装軌《そうき》（無限軌道装備）車輛《しゃりょう》・装輪車輛なら、その泥濘も踏破できるのではないかと考える向きもあったようだ。しかし、ネットで検索すれば、スタックして身動き取れなくなった戦車の映像は、いくらでも出てくる。そうしたありさまは、現在でもなお「泥将軍」が猛威を振るっていることを証明していた。

戦史をみても、泥濘期は大きな影響をおよぼしている。独ソ戦中の一九四二年と四三年の春には、両軍ともに大規模な軍事行動を停止せざるを得なかった。一九四四年になってようやく、ソ連軍はアメリカより供与された全輪駆動トラックと軽量のパニェ（荷馬車）を大量に装備して、春の泥濘期にも進撃を継続させることができたが、今回、ロシア軍がそのような準備をしているとの情報はない。

とはいえ、独ソ戦当時とはちがい、ロシアとウクライナのあいだには舗装道路が四通八達しているから、泥濘期もさほど影響しないのではないかとも思われたが、地図を検討すれば、そのような想定はできなかった。大部隊を効率的に動かし、それに補給するには、一筋の道路では足りないが、幹線道路をバイパスさせられるような補助道路網は存在していない。したがって、路外機動のできない泥濘期には、侵攻するロシア軍部隊は路上で大渋滞し、前進もままならなくなる。ウクライナ軍としては、幹線道路を点で塞《ふさ》いでいればよいということになり、防御は容易になるのだ。

かかる事態を避けるためには、ロシア軍は泥濘期到来前に大勢を決してしまわなければならない。筆者は、独ソ戦の戦例から、本格的な泥濘期が到来し、地上部隊の行動が難しくなるのは三月なかばだとみて、それ以前に戦争目的を達成する計画だと予測した。

もっとも、この判断には筆者の事実誤認が入り込んでいた。開戦後、SNS上でとある方（建設業者だということであった）に指摘されたのをきっかけに調べてみたところ、ウクライナでは二月末に泥濘期が来ることも珍しくない。いくつかの軍事筋も年初に情勢不穏になったあたりで、二月末に泥濘期がはじまることを指摘していた。さりながら、このミスによって、推論がナンセンスなものになってしまったというわけではなかった。

泥濘期が到来すれば、機動性を生かして、短期間に長駆進撃するというロシア軍の企図は実現不能になる。そうしたタイムリミットを課せられている以上、二月末、遅くとも三月初旬よりも前に所期の目的を達しなければならないであろう。だとすれば、作戦に使える時間は一ないし二週間だ。

この時間的制約を顧慮すれば、ウクライナ全土の占領は考えにくい。タイムリミットとロシア軍の兵力で制圧し得る空間の限界からみて、首都キーウ（キエフ。以下、地名についてはウクライナ語にもとづくカナ表記を採用し、初出の際にロシア語による表記を付す）と南の港湾都市オデーサ（オデッサ）、そして、ハルキウ（ハリコフ）をはじめとするドニプロー（ドニエプル）川以東の工業・資源地帯を占領し、たとえば「ウクライナ人民共和国」のような傀儡政権を樹立するぐらいが、あり得る作戦かと推量した。

こうした構想が実現すれば、現ウクライナ政権がドニプロー川の西に残ったとしても、同国とロシアのあいだには、傀儡政権による緩衝地帯ができる。また、キーウとドニプロー川以東の工業・資源地帯を奪い、黒海《こっかい》の要港であるオデーサを押さえれば、西部ウクライナ政権の国力衰退は必至であり、いずれは傀儡政権に併合するチャンスもやってくるだろう。つまり、今すぐにウクライナ全土を征服しなくとも、ロシアの戦略目標は達成されるのである。

では、かかる軍事行動がなされるとすれば、それはいつ発動されるか。

筆者は月齢を調べ、夜間行動が容易な満月の時期、二月なかばに開始される見込みが高いと考えた。行動を隠蔽《いんぺい》できる夜の時間を活用することは、現代の軍隊にとっても重要な課題である。ただし、まったくの暗夜では、大部隊の進退は困難になるから、通常は月明かりが得られる時期に作戦を開始するものだ。

とはいえ、暗視装置などにより、夜間行動能力で優位に立つロシア軍が、その利点を生かし、敢《あ》えて月が痩《や》せる二月末に開戦するのではないかという意見もみられた。それももっともだとは思ったが、やはり大軍を確実に動かすことができる満月の時期を選ぶだろうと判断した。また、先述した泥濘期到来によるタイムリミットもあり、二月末まで延ばすことはできないだろうとも予想したのである。

なお、以上のごとき考察から、アメリカの一部メディアが政府筋の情報として、開戦日は二月十六日と報じたのは、おそらく当たっていたのだろうと、筆者は考えている。ロシア側は、開戦予定日を言い当てられたために、作戦発動を延期し、情勢を観望せざるを得なかったのではないだろうか。

つぎに開戦時間だが、これは比較的簡単に予想できた。作戦の黎明《れいめい》発動は軍事の常識だ。そこで、ウクライナの日出時間を調べると、午前七時前である。時差は七時間だから、これは日本時間の午後二時ぐらいになる。その三、四時間前、日本時間の午前十時あたりから、サイバー攻撃、ミサイル攻撃、空襲等が開始されるだろうと判断した。

地上部隊の攻勢については、一九四三年七月のクルスク会戦以降のソ連軍攻勢とほぼ同じ進撃軸（おおむね前進コースと思ってもらってよい）を取るものと予測した。奇《く》しくも、ロシアとウクライナが置かれた状況は、クルスク会戦開始以前の独ソ両軍のそれと酷似している。

そこから同じ方向へ、同じ土地を攻めるわけであるから、これは当然だ。

また、当時のソ連軍はドニエプル（現ドニプロー）川の渡河点を押さえるために空挺《くうてい》作戦を実行している。今度のロシア軍も同様に空挺部隊を投入する、とりわけキーウ北部が目標となるはずだと考えた。首都を短切に奪取する前提として、橋梁《きょうりょう》を確保し、空挺堡《くうていほ》（空挺部隊が押さえた要地などに築く防御陣）を築いて、地上部隊の進撃路を啓《ひら》くことが必要だからだ。

戦争は理屈では動かない

こうして、筆者は二〇二二年二月二十四日を迎えた。ここまで述べたような推論を進めていたから、開戦それ自体については、まったく驚かなかったし、緒戦の展開も筆者が想定した範囲内に収まっているように思われた。

だが、開戦数日にして、筆者は困惑することになる。ロシア軍が軍事の常識を無視しているとしか思われない作戦を強行しているという事実が、しだいにあきらかになってきたからである。それどころか、ロシア軍は、戦術・戦技のレベルでも、戦闘のイロハをこなせない水準にあることまでが暴露されてきた。

以下、戦略、作戦、戦術の順で、ロシア軍が犯した錯誤を列挙してみよう。

戦略次元では、ロシア軍は第一撃に全力を傾注せず、戦理に反した兵力の逐次投入を行った。敢えて説明するまでもないことだが、攻撃側は第一撃においては、重点の選択や防御側が脆弱（ぜいじゃく）である地点への兵力集中など、先制の利を得る。これを活用するため、まずは使用し得る戦力をすべて投入し、主導権を握って、攻勢にモーメンタムを生じせしめるというのが定石であろう。

ところが、ロシア軍はウクライナ侵略にあたり、集結させた二十万の兵力のうち、およそ十万、それも多くは二線級の部隊しか投入しなかったと伝えられる。その結果、侵攻軍は初動の優位を生かすことができず、衝力を失って、突破に失敗したことは、二月末以来、しきりに報じられている通りだ。

航空戦についても、本来ならば開戦初日にミサイルと航空機をフル動員して、敵航空機と防空システムを撃破しなければならないはずだが、ロシア軍はそうしなかった。当然、航空優勢を取ることはできず、ロシア空軍は自由自在な出撃を妨げられたままである。

なぜ、ロシア軍は軍事のセオリーを無視したのか。一部には、バルト三国とポーランドに展開するNATO軍への押さえとして、ロシアとベラルーシに兵力を控置したためだと説明できる。だが、現在までに報道されたさまざまな情報を総合すると、主たる原因は、プーチンの誤断だったということになるようだ。

プーチンは、ウクライナの民衆はゼレンスキー政権を見放しており、ゆえにロシア軍による「解放」を歓迎すると信じていたというのである。したがって、ウクライナ軍の抵抗があったとしても微弱であろうから、軍事行動は三日程度で完了すると判断していた。にわかには首肯しがたいことではあるが、以下に検討する作戦次元の問題点に照らせば、おそらくはプーチンの楽観が致命的な戦略の失敗を招いたとしか考えられない。政治が軍事的合理性にそっぽを向いたのだ。

こうした戦略次元の失敗は、戦略目的を達成するために「戦役」（campaign. 一定の時間的・空間的領域で実施される戦略ないし作戦目的を達成せんとする軍事行動）を計画立案する「作戦」の次元にも悪影響をおよぼさずにはおかない。

当初、キーウ北部、ハルキウ正面、ドンバス正面、クリミア半島正面などで複数の進撃軸が設定されているのをみて、兵力分散の過ちを犯しているのではないかと思われた方も少なくないだろう。けれども、筆者は、これはソ連軍以来の、複数の進撃軸で同時攻勢を行うという作戦の癖が現れたものと判断した。防御側がある進撃軸に兵力を集中し、これを拒止、もしくは撃破しても、その間、他の進撃軸への対応は手薄になる。そうした間隙を利用し、それら別の進撃軸に予備兵力や増援をつぎこみ、突破を果たして、戦略的に形勢を有利に持っていくのは、ソ連＝ロシア軍の常套《じょうとう》手段であった。もちろん、そのためには、充分な戦力の優位を確保しておかなければならないのだが。

しかし、ロシア軍には多正面同時攻勢を可能とする戦力があったと推定されるにもかかわらず、そうした遊動的な重点形成はなされなかった。いわば、均等に平押ししていくような攻勢に終始したのである。

突破機動して、ウクライナ軍主力を包囲するというような兆候もみられなかった。「真正面から突進するのは牡牛《おうし》だけである」と、かつてのドイツ参謀本部では戒めていたという。ところが、今回のロシア軍は、牡牛さながらである。ウクライナ軍は抵抗しない、万一抗戦したとしても鎧袖一触《がいしゅういっしょく》であるとの誤った戦略的判断から、粗雑な作戦計画しか立てていなかったとしか思えないありさまだ。

その意味では、開戦劈頭《へきとう》のキーウ北西飛行場への空挺作戦も不可解なものであった。何を目的としていたのか、判然としないのである。一部には、ゼレンスキー大統領以下のウクライナ政府要人を拉致《らち》、もしくは殺害して、戦争指導機能を喪失させることを狙った「斬首」作戦だったと報じられたが、それならば、少数の特殊部隊を投入すれば済むことであろう。また、キーウ進撃のための空挺堡確保ならば、飛行場を占領したのちに、空輸で後続部隊や装備を送り込むのが普通であるけれど、それが実行された形跡はない。もっとも、航空優勢が取れなかったために空輸が不可能となったという可能性はある。いずれにしても、この空挺作戦が何のために行われたのかは、今のところ不明であるといってもさしつかえあるまい。

最後に、作戦実行に際して生起する戦闘に勝つための方策を立て、実行する「戦術」の次元においても、ロシア軍の行動はしばしば拙劣であった。たとえば、都市攻撃などは、包囲して連絡線・補給線を断ち、弱体化させてから実行するのが常識であるのに、ウクライナ侵略では、装甲車輛をいきなり市街に突入させるというようなことがなされたのである。また、戦術のかなめである「諸兵科協同」(combined arms)、歩兵、戦車、砲兵、工兵などによる協同戦闘も相当低水準であるようだ。

より軽快で火力と機動性に優れた「大隊戦術群」のドクトリンを練り、シリアやクリミアでの作戦でその威力を見せつけて、諸国の軍事筋を警戒させたロシア軍が何故に、かかるていたらくとなったのか。ひとえにプーチンの誤断によるという解釈はなりたつまい。そう考えるためには、プーチンが、第二次世界大戦末期のヒトラーさながらのマイクロマネジメントをロシア軍にほどこしたと想定せざるを得ないからである。

おそらく数十年の時を経なければ、その実態が解明されることはあるまいが、近年しばしば報じられているロシア軍改革の失敗や腐敗以上の何かが起こっていたのではなかろうか。

いずれにせよ、ウクライナ侵攻においては、軍事的合理性では説明できない事象が多数生起している。軍事は理屈で進むが、戦争は理屈では動かないと、あらためて実感させられている。

「消耗戦」の行きつく先

それでもなお、軍事の常識に照らして想定し得ることはあると、筆者は考える。不快な推論になるかもしれないが、「カサンドラの予言」となろうとも、最悪の事態になる可能性を示しておくことは無駄ではなかろう。

本稿を執筆している時点で、すでに泥濘期が到来し、ロシア軍の進撃は停滞している。すでに述べたように、こういう事態は予想されていたはずで、二月二十四日の開戦は遅すぎたといえるのだけれども、プーチンは数日のうちに結着はつく、泥濘のファクターを考慮する必要なしと楽観したようだ。

それはともかくとして、機動戦（mobile warfare）の余地はなくなり、「消耗戦」（attrition warfare）に移行したのである。なお、日本語の消耗戦には、自軍が損耗疲弊する苦戦というニュアンスがあるが、この場合、軍事用語としては、敵の人員装備を殺傷・破壊することで戦力撃破をはかるという意味を持つ。普通の日本語でいう「物量戦」に近い概念かもしれない。かかる戦闘形態においては、軍事的常識として、より殺傷力の大きな兵器が使用されるのが常だ。

しかも、そうした兵器の使用には、政治的な追い風が吹いている。当初、ウクライナの中立化・非武装化を求めていたプーチンが、それに加えて、「非ナチ化」という条件を打ちだしたことは広く報じられている。プーチンの「ナチ」概念については、すでに多くの解説があるから、本稿では屋上屋を架すような説明を加えることは控えるが、まがりなりにも国家理性にもとづいていた要求に、敵を打倒すべき悪とみなすイデオロギーが入り込んできたのである。

歴史的には、こうしたイデオロギーによる戦争指導は、妥協による和平締結の可能性を奪い、敵国国民の物理的な殲滅《せんめつ》を求める絶滅戦争に行きつく傾向がある。今次の侵攻に際して、しばしば引き合いに出される独ソ戦は、その典型であろう。

かかる軍事的・歴史的考察からは、ステルメイトの消耗戦に追い込まれたプーチンが、大量殺傷兵器を使用する可能性が高いという結論が引き出される。実際、ロシアは、過去にシリアで化学戦を実行したとみなされているのだ。

世界諸国が一致団結し、ロシアがＡＢＣ兵器を使用した場合には、現状よりももっと厳しい制裁を加えるなどの措置を取ると警告することで、抑止効果が得られることを祈るばかりである。

（『「世界」臨時増刊　ウクライナ侵略戦争』二〇二二年四月）

ウクライナ侵略のゆくえを考える

憂鬱な予測

ロシアのウクライナ侵略がはじまってから三か月余を経た。この間、今回の戦争とかつての独ソ戦に類似性を見て取ったためか、拙著『独ソ戦　絶滅戦争の惨禍』をお読みくださった方も少なくないと聞く。また、筆者はさきに、二月の開戦から三月末までの展開について、用兵思想と戦史・軍事史から観察・分析した論考を発表した(「軍事的合理性と政治的超越」『「世界」臨時増刊　ウクライナ侵略戦争』)。日本ではあまり見かけない視角であったためか、過分の評価をいただいたようだ。そこで、今回寄稿の機会を得たのを幸い、同様の視角から、四月以降のウクライナ侵略の経緯を分析し、今後起こり得ることについて——それは憂鬱《ゆううつ》な予測にならざるを得ないのであるが——検討を試みることにしたい。

ロシア軍攻勢規模の縮小

不可解なことに、ロシア軍は開戦当初、重点形成を行わないまま、多正面からの平押しに終始した。その理由はなお判然としないが、プーチンの政治的目標設定が優先され、軍事的な諸問題の検討がなおざりにされたこと（「プラハの春」やハンガリー動乱へのソ連軍介入のように、強大な軍事力を誇示すれば、ほぼ無血でウクライナ全土を制圧できると考えていたらしい）、ロシア軍下級指揮官の質が機動的な包囲撃滅戦を遂行できるレベルに達していなかったことが指摘されている。

いずれにせよ、首都キーウや重要な都市ハルキウ、東部ウクライナでのロシア軍攻勢は頓《とん》挫《ざ》し、機動戦を阻害する泥濘期の到来もあって、戦況はスタティックな消耗戦の様相を呈した。このあたりで、ウクライナ侵略は独ソ戦に酷似しているといわれだしたが、現象的にはむしろ第一次世界大戦前半、ドイツ軍が機動戦による連合軍の撃破に失敗し、長大な塹壕《ざんごう》陣地を築いてのにらみ合いになった時期のそれに近かった。舗装道路以外では、装軌車輛でさえも進退困難な泥濘期の戦闘になったのであるから、それも当然だろう。

この時点で、ロシア軍はキーウ奪取をあきらめ、同正面から引き抜いた戦力（主として機甲部隊）を増強再編成し、東部ウクライナでの攻勢に投入したことは、すでに報じられている通りだ。その攻撃部隊の配置をみれば、ロシア軍が戦争の帰趨《きすう》を決するような戦略攻勢をあきらめたことは明白であった。というのは、それらの機甲部隊は、ウクライナ軍の南翼を遮断・包囲し得るような攻勢を発起する際に適当な場所ではなく、北ドネーツィ（ドニェツ）川流域に置かれたからである。地図をみれば一目瞭然《りょうぜん》で、ここにロシア機甲部隊がいるのであれば、ドンバス地域に形成されたウクライナ軍突出部への攻撃を企図しているのはあきらかである。

しかし、実際に発動された攻勢は、突出部の根元に戦力を集中して切除するという定石を踏まず、全体に漫然と圧力をかけるかたちになり、はかばかしい戦果を上げられなかった。その結果、攻撃正面はさらに限定され、作戦方針も、セヴェロドネツィクをはじめとする重要都市の占領と可能なかぎり多くのウクライナ軍部隊撃破に変更されたものと思われる。

言い換えるならば、ロシア軍の攻勢は、戦争の勝敗を決めるような戦略攻勢から、より目標設定の低い作戦次元の攻勢、場合によっては、単に自軍の態勢を有利にし、眼の前の敵を撃破することだけを狙う戦術的攻勢へと縮小されてきたのである。

「決戦」は生起するか

現在――本稿を執筆している二〇二二年五月末の時点で、ロシア軍がセヴェロドネツィク攻略にかかり、ウクライナ軍の有力部隊を包囲しつつあると報じられている。では、このドンバス地域、とりわけセヴェロドネツィクをめぐる戦いは、戦争全体の帰趨を定める「決戦」になるのか。

筆者は、そうは思わない。まず軍事的に考えれば、ウクライナ側には、大きな犠牲を払ってまでセヴェロドネツィクを死守しなければならぬ理由はない。開戦当初であれば、街一つ、村落一つであろうとも、ロシア軍に占領されることは、ウクライナは抵抗を継続できないという不利な評価をみちびくことになり、諸外国の支援を得られなくなってしまったであろう。だが、今となっては、ウクライナが継戦能力を有していること、区々たる戦況に一喜一憂せずに彼らを支援することの重要性は疑うべくもなくなっている。むろん、セヴェロドネツィク失陥の政治的影響は無視できないが、ウクライナには、敢えて同市を放棄しても致命傷にならないだけの戦略的余裕があると、筆者は考える。

むしろ問題なのは、セヴェロドネツィクの攻防で、ウクライナ軍がどれだけの損害を被るかのほうであろう。

現在、NATO諸国からの兵器供給により、ウクライナは機甲部隊などを新編しつつある。しかも、泥濘期は終わり、大地は乾いて、ウクライナの平原は機動戦にうってつけの舞台となった。流動的な戦線で敵味方の機甲部隊が相手の弱点を突こうと、縦横無尽に機動する。そうした、独ソ戦といわれて想像されるような戦闘は、おそらくはこれからはじまる。

このような戦闘にあっては、都市などの拠点を守ることよりも、機動性のある戦力を保持していることが重要だ。独ソ戦でウクライナ方面のドイツ軍の指揮を執っていたエーリヒ・フォン・マンシュタイン元帥のいうごとく、「一個軍を失うよりは、一都市を放棄したほうがまし」なのであって、首都キーウや経済的に重要なハルキウ、交通の結節点であるマリウポリのようなところでなければ、ひとまず後退して、野戦で優勢を得たのちに奪回するほうが理にかなっているのである。

したがって、セヴェロドネツィクの戦闘で重要なポイントは、そこに投入されたウクライナ軍部隊が包囲撃滅されることなく、撤退できるか否かということだろう。ここまでのところ、セヴェロドネツィクの「ポケット」(囲まれてはいるが、全周包囲には至っていない状態)は閉じていない。ウクライナ政府が同市の政治的重要性を過大評価して守備命令を出したりしないかぎりは、致命的な打撃を受けずに済むのではないか。

だが、従来、柔軟な駆け引きをみせてきたウクライナ軍が、なぜドンバス地域の攻防では、有力な部隊を投入し、ロシア軍攻勢を正面から受け止めたのか。筆者は、そこにはロシア軍の主力を誘引・拘束する意図があったのではないかと疑っている。

外線作戦と内線作戦

用兵思想の概念に「外線作戦」と「内線作戦」というものがある。前者は、策源、つまり敵軍の主たる根拠地に対して四方から求心的に攻撃していくこと、ごくおおまかにいえば、「分進合撃」（分散して進み、合流して撃つ）により、能率的に軍を進め、戦争を有利に進める策のことだ。これに対して、「内線作戦」は、軍の集結地（多くの場合、それは策源となる）から遠心的に行動し、外線作戦により分進する敵を叩《たた》くことを狙う。歴史的な例を挙げれば、七年戦争（一七五六～六三年）で、ヨーロッパの中央部に位置するプロイセンは、東のロシア、南のオーストリア、西のフランスの連合軍（当然、地理的に外線作戦を取った）に対して、内線作戦を駆使し、戦争目的を達成した。

今回の侵略戦争もまた、キーウ、ハルキウ、ドンバス地域、クリミア半島といった複数の正面から外線作戦を行ったロシアと内線作戦のウクライナという構図になっている。そう考えると、ウクライナ軍にとって喫緊の課題は、外線作戦によるロシア軍の「合撃」を封じることである。現状で、そのために必要なのは、ロシア本土とクリミア半島をつなぐ回廊地帯の遮断だ。こうした作戦の前提として、最初の攻撃対象となるヘルソン正面のロシア軍は手薄になっていることが望ましい。

この前提を満たすために、ウクライナ軍はセヴェロドネツィクで大戦闘を「作為」(軍事用語では、ある状況を意図的につくりだすという意味がある)し、ロシア軍主力を引きつけたのではなかろうか。

なお、ここまでの戦況をみると、ロシア軍は地理的な条件により、おのずから外線作戦を取ることになったと考えられるが、到底その有利を生かしてきたとはいえない。これは、今のところ、プーチンがきわめて楽観的な情勢判断のもと、軍事的合理性よりも政治的要求を優先したことが主たる原因になっていると思われる。こうした軍事に対する政治の超越、あるいは干渉は、独ソ戦でもしばしば観察されたところだ。

開戦以来、一般に戦理にかなった行動をつづけてきたウクライナ軍ではあるけれども、そのような陥穽《かんせい》におちいることが絶対にないとは言い切れない。その場合、ドンバス地域の被占領地の奪還など、政治的な動機から、軍事的には優先性の低い作戦を実行する可能性もあることを付言しておく。

戦争は長期化する

とはいえ、もし筆者の推測が当たっているとするなら、またＮＡＴＯ諸国が供給した兵器の戦力化が充分に進んでいるとするなら、すでにヘルソン方面ではじまったと伝えられるウクライナ軍の反攻は、大きな成果を挙げる可能性があろう。

しかし、逆説的なことだが、そうしてウクライナ軍が勝利するほどに、戦争の終結は遠のく。いうまでもなく、プーチンが、負けている状態で停戦に応じる可能性は絶無に近いと思われるからである。いかに戦場で敗北しようとも、ロシアは戦争継続をあきらめたりはしまい。

ただし、ロシアが総動員をかけ、短期間にウクライナを圧倒し得るような軍事力を用意するといった事態は考えにくい。第一次世界大戦でツァーリの帝国が、そして第二次世界大戦でソ連が実行したような総力戦が、プーチンのロシアに可能であるとは思えないからだ。総力戦とは、体制にとっての「負荷試験《ラストウングスプローベ》」であるとは、よくいわれるところである。まがりなりにも、ソ連崩壊以後の民主化を経た現在のロシアに、かつてのような苛《か》酷《こく》な「負荷試験」を課すことは困難であろう。おそらく、国民の反応をうかがいつつ、戦争継続に必要な範囲で動員をかけることになるはずだ。

その際、ロシアは、生活水準を維持することで国民の歓心を買いつつ、戦争を遂行するという矛盾した課題に直面する。かかる問題を克服するために、よりいっそうの収奪がなされる危険がある。すでに大量の穀物や金属が占領地からロシアに移送されていると伝えられるが、そうしたウクライナの犠牲によって、ロシア国民の生活を支えるのだ。かつてナチス・

ドイツが、ソ連の人的・物的資源の徹底的な収奪によって、国民の生活水準維持と戦争継続を両立させたように、である。

かくて、戦争は惨酷さを増しつつ、長期化するのではないだろうか。ロシアか、ウクライナか、いずれかが戦争継続の負担に耐えられなくなるまで、終わらせることはできないのではないか。

筆者はそう推測し――それが杞憂《きゆう》に終わることをひたすらに祈る。

(『B面の岩波新書』二〇二二年六月十日掲載)

これから始まる「負荷試験」

判断と立論の基盤

ロシアがウクライナに侵攻して以来、一年が経過した。この間、戦争は予想外の激しさを以《もっ》て、しかも長期にわたって続き、その勝敗は逆睹《ぎゃくと》しがたい。しかし、ここまでの展開にみられた、さまざまなファクターを検討し、それらの相互作用を分析することによって、今後生起し得る事態を想定することができるぐらいの材料はそろってきたように思われる。

本稿では、戦争の歴史ならびに軍事の理論を判断と立論の基盤に置いて、そうした作業を試みることにしたい。

ロシアの誤算

二〇二二年二月二十四日にロシア軍がウクライナとの国境を越えたとき、この侵略戦争が長期化すると正しく予測したものは、ほとんどいなかったはずだ。筆者も例外ではない。保有する兵員や兵器の数量だけをみても、ロシアとウクライナの戦力差は歴然としており、後者が意味のある抵抗を継続できるとは思われなかった。

とはいえ、この時点ですでに奇妙なことはいくつかあった。

まず、侵攻を開始したのが、春の泥濘期直前だったことだ。二月下旬ないし三月初旬以来、ウクライナの地を覆う黒土は、膝《ひざ》まで浸かるほどの泥沼と化し、装軌車輛でさえも路外通行は困難になる。当然、大規模な軍事行動には不適な季節だ。ロシアは、この泥の時期がまさに訪れようとしているにもかかわらず、敢えて戦争を開始したのである。

また、もしもウクライナ全土を占領することを考えるならば、ロシアが集めた十六万九千ないし十九万の大軍（治安部隊・親露派武装勢力含む。小泉悠『ウクライナ戦争』、ちくま新書、二〇二二年）でも足りない。専門家筋のなかにも、この点を重視してロシアの兵力集結は恫《どう》喝《かつ》にすぎず、侵攻はないだろうと考えた向きもあった。

さりながら、ロシアは、泥濘期によってタイムリミットを切られ、かつ「不充分」な兵力のままで開戦に踏み切った。

　当時、筆者は、この矛盾について、ロシアは限定的な目標を設定しているのだと解釈した。泥濘期到来前に、首都キーウとドニプロー川以東の重要工業・資源地帯を制圧し、ウクライナ東部に傀儡政権を立てて、ひとまず停戦に持ち込むつもりなのだろうと考えたのだ。それならば、二十万弱の軍勢でも、ロシア軍が重点としたところで局所優勢を得て、主導権を保ちつつ、攻勢を遂行し得るかもしれぬ。

　ところが——実際にロシア軍が取った作戦は、およそ軍事的合理性とは程遠いものだった。キーウやハルキウの前面、ドンバス地域、さらにはクリミアからも、重点を形成することなく、兵力を分散させたままで平押しにしたのである。

　また、自然の障害である泥濘についても何ら考慮した形跡はなく、限られた数の舗装道路に頼るしかなくなって、数十キロにおよぶ渋滞が発生したという事実は、読者の記憶にも残っているはずだ。

　なぜロシア軍はかくも不可解な行動に出たのか。

　現在では、ロシア首脳部が開戦前にいかなる認識を有していたのか、しだいに報道されつつあるから（はたして、それが事実であるか否かはなお留保の余地があるにせよ）、この謎について、一応の答えを与えることはできる。

　そうした報道によれば、プーチンと情報機関ＦＳＢ（ロシア連邦保安庁）の首脳部は、ウクライナ国民はゼレンスキー体制を嫌悪しており、圧倒的な数のロシア軍が入っていけば、ほとんど無抵抗で全土を制圧し得るとみなしていたという。もし、そうだとすれば、同時にすべての政治的・経済的な重要目標を奪取しようとしたとしか思われない、重点なき攻勢も、泥濘という要素を無視したことも、むしろ当然であったろう。

一説によれば、プーチンは参謀本部ではなく、FSB首脳部にウクライナ侵攻計画を立案させたというが、彼らはおそらく、ソ連軍の進駐により自由化運動を抑え込んだ「ハンガリー動乱」(一九五六年)や「プラハの春」(一九六八年)同様に、ウクライナも治安行動により無血占領できると楽観したのではないか。ロシアが、ウクライナ侵略を「戦争」ではなく、いまだに「特別軍事作戦」と呼んでいることも、その傍証となるかもしれない。

しかし、ロシアはソ連ではなく、ウクライナは、鉄のカーテンの向こう側にいた時代のハンガリーでもチェコスロヴァキアでもなかった。

ウクライナは、それまでのロシアとの紛争のうちに形成された国民意識のもとに断固たる抵抗を示し、プーチンとFSBの認識は夢想にすぎなかったことを暴露したのである。

入れ換えられていた用兵思想

ロシア侵攻軍に対したウクライナ軍が驚くほどの善戦ぶりを示していることについては、

今さら詳述するまでもあるまい。

一時は首都キーウの近郊にまで迫ったロシア軍を撃退し、セヴェロドネツィクで激戦を繰り広げ、ハルキウ前面の反攻とヘルソン奪還作戦を成功させた、彼らの「強さ」については、侵略者に対する憤激、NATO加盟国をはじめとする自由主義諸国の援助など、さまざまな理由が考えられよう。そのうち、日本ではあまり言及されていないように思われる用兵思想の側面について指摘したい。

二〇一四年のロシア軍によるクリミア侵攻に際して、ウクライナ軍が無惨な敗北を喫したことは周知の事実だ。今度の戦争で、ロシア軍が当初、きわめて楽観的な作戦や戦術を取った背景には、そのクリミアでの成功体験が影響していたと推測することもできる。

けれども、ウクライナ軍は面目を一新していた。しかも、それは兵器ほかの装備といった軍事のハードウェアのみならず、戦略・作戦・戦術などの用兵思想、すなわちソフトウェアにおいても、ひそかに進められていたと思われる。

この戦争で、ロシア軍が戦術次元、現場の戦闘においてもぶざまな敗北を喫したことは確認されている。筆者は最初、泥濘期で舗装道路に釘付《くぎづ》けにされてしまい、機動ができずにいるところを叩《たた》かれているのか、あるいはNATOが供給した兵器の技術的優越がものを言っているのか、それにしても——と首をひねっていたのだが、しだいに情報が入るにつれ、そういうことかと膝を打った。

　米陸軍・海兵隊が主唱し、さまざまな国が取り入れている「任務指揮《ミッション・コマンド》」を、ウクライナ軍もまた自家薬籠中《じかやくろうちゅう》のものにしていたというのだ。これは、さまざまな階層の将校、場合によっては下士官までも、知識・能力を高度に平準化した上で、権限を大幅に下方委譲し、戦場における臨機応変の対応を可能とする指揮形態である。具体的にいえば、上級指揮官は目標と使用し得る兵力、達成期限など最低限のことを指示するのみで、あとは現場の裁量に任せるようなやり方をするものだ。

　このミッション・コマンドは、複雑で、最前線の指揮官にまでも作戦・戦略次元のより高位な判断を要求する現代戦では絶大な威力を発揮するとされる。もし、ウクライナ軍が米軍に学んで、ミッション・コマンドに習熟していたとするならば、詳細な命令がなければ自主的に動いてはならないとする「細目指揮《ディーテイルド・コマンド》」のもとに動いているロシア軍を圧倒したとしても不思議はない。ちなみに、ロシア軍もミッション・コマンドの導入をはかりはしたのだが失敗したとの情報もある。

　さらに高次の戦略・作戦次元においても、ウクライナ軍はアメリカの模範にならっていると思われる。紙幅の制限上、詳細な説明は避けるけれども、二〇二二年秋のヘルソン反攻からハルキウ前面での攻勢までの展開は、米軍の作戦理論でいう「状況作為作戦《シェイピング・オペレーション》」（米軍高官がヘルソン反攻を指して、この言葉を使ってしまったことを想起されたい）から「決定的作戦《デサイシヴ・オペレーション》」への流れを忠実に迫ったものと思われる。

いずれにしても、ウクライナ軍は、ロシア、あるいは全世界が予想していなかったほどの実力を発揮し、持ちこたえたのであった。

本格的衝突と「合理性」の喪失

こうして短期戦の見込みがついえ、なしくずしに戦争が長期化したのが二〇二二年の展開だったといえよう。すでに述べたように、侵略を主導したプーチン以下のロシアの指導者たちは、「特別軍事作戦」、すなわち一種の治安行動で終わると考えていたようだが、ウクライナ軍の抵抗と反攻によって、否応《いやおう》なしに本格的な戦争に備えなければならなくなった。

対するウクライナ側も、ロシアの侵略必至とみて万全の態勢をととのえていたとは必ずしもいえない。開戦前に差し迫った侵略の危険はないと繰り返していたゼレンスキー大統領の真意については、さまざまな議論があるものの（小泉前掲書）、ウクライナもやはり、これほどの戦争は予期していなかったであろう。

つまり、ロシアもウクライナも、何ら準備のないまま、戦後のヨーロッパには絶えて久しかった大規模な正規軍が長期にわたり正面から激突するというかたちの戦争に突入した。それがために激しく消耗しながら、一年をかけてようやくその種の戦争を遂行し得る状態に持ってきたというのが現状なのである。

したがって、春の泥濘期が終わったのち、二〇二三年四月以降には、二〇二二年のそれをはるかに上回る激戦が展開されるものと予想される。そのころには、ロシア軍が動員・訓練をほどこした兵員により編成された新部隊を投入することも、ウクライナ軍が西側供与の戦車を中心とする攻撃戦力を使用することも可能になるがゆえだ。

ただし、いかに苛酷な戦闘が繰り広げられようとも、それで戦争の結着がつくわけではなかろう。十九世紀以来、その勝利が戦争全体の帰趨を定めるような「決戦」は起こりにくくなっている。戦争が、軍隊対軍隊ではなく、国民対国民の衝突になったからである。たとえ戦場で軍隊が敗れようとも、国民は、あるいはゲリラ戦、あるいは軍隊を再編して、抵抗を続けるのが、近代以降の戦争の常であった。

今のところ、ロシアがウクライナ国民の継戦意志をくじくほどの決定的勝利を上げるとは考えにくい。さりとて、ウクライナ軍がロシア軍を駆逐し、二〇一四年の国境を回復したとしても、戦争は終わらないだろう。連戦連敗だったとしても、ロシアには、戦争を継続し、ウクライナに戦時体制の維持を強要することによって、同国を経済的・社会的な崩壊に追い込むという選択肢が残されているからである。

それ以上に深刻なのは、ロシアのウクライナ侵略が、政治的・軍事的合理性の追求から逸脱したイデオロギー戦争の色彩を濃くしていることだろう。筆者は開戦直後から、ロシアの戦争目的は、自国の安全を確保することよりも、ウクライナの「ロシア化」を優先しているのではないかと指摘した。その懸念は、ブチャの虐殺や占領地からの住民強制連行、ウクライナの子供の誘拐といった事実によって裏付けられてきたと考えている。

プーチンはおそらく、そうした蛮行も「正義」にもとづいたものだと確信しているのであろう。「ナチ」に染まり、「正しい」ロシアにそむいたウクライナは「浄化」されなければならない、と。しかし、正邪の観念をふりかざした戦争を、合理性にしたがった妥協で終わらせることなどできはすまい。

加えて、ロシアが二〇二二年の挫折によって、「準総力戦」ともいうべき段階に突入せざるを得なくなったのもマイナス材料であろう。

第一次世界大戦や独ソ戦のような、体制を揺るがしかねないレベルの総力戦はもとより避けたい。しかし、平時の社会のままで、長期にわたる本格的な戦争を実行することは不可能であり、事実、ロシアも部分動員を余儀なくされた。にもかかわらず、プーチン政権としては、国民の支持を失うわけにはいかないから、できるだけ総力戦を避けつつ、戦争を継続していくことになろう。

この二律背反を解消し得る手段はただ一つ、ウクライナからの人的・物的資源の収奪である。戦争を継続するためには収奪が必要であり、収奪を行うためには戦争継続により占領地を維持しなければならないということになるのだ。

つまり、イデオロギー的にも戦時経済上の必要からも、戦争の早期終結はきわめて困難であり、受けて立つウクライナも厳しい試練を迎えることになろう。

戦争、とりわけ総力戦は、体制の「負荷試験《ラストウングスプローベ》」であるとはよくいわれるところだ。本年、ウクライナもこの「負荷試験」を受けるのだが、それはもちろん他人事《ひとごと》ではない。

もしウクライナが「負荷試験」に合格しなければ、戦後まがりなりにも積み上げられてきた国際秩序は烏有《うゆう》に帰し、世界は十九世紀的な暴力による現状変更の波にさらされることになるだろう。その意味で、われわれ――日本を含む自由主義諸国もまた、ウクライナを支援し続けられるかどうかという「負荷試験」に参加しているのである。

（『Ｖｏｉｃｅ』二〇二三年四月号）

第二章 「独ソ戦」再考

日本と独ソ戦——執筆余滴

史実という砂金

先般、岩波新書で『独ソ戦　絶滅戦争の惨禍』を上梓《じょうし》した。幸い、ドイツやソ連の現代史を専攻する研究者、歴史には一家言ある読書家の諸氏にも高評価をいただき、ほっと胸を撫《な》でおろしているところだ。もっとも、独ソ戦のような巨大なテーマを、それも紙幅の限られた新書で扱ったのであるから、書き切れなかったトピックが多数あったことは否めない。だが、さまざまな事象をすべて詰め込むことが不可能であるのは自明の理だ。

通史や概説の執筆にあたって必要不可欠なのは、何を書くかではなく、何を書かないかを判断するための物差し、言い換えれば、当該のテーマをいかに分析するかの枠組みであることはいうまでもない。それなしに、年表を文章にするがごとく、ひたすら時系列に沿って事実を並べてみたところで、読者は退屈するばかりであろう。――いや、何よりも、著者自身が、そんな単純作業に耐えられない。

よって、拙著では、独ソ戦は通常戦争、世界観戦争（絶滅戦争）、収奪戦争の複合戦争であったとの視点を採用し、そこから、軍事的な経緯、政治、外交、経済、占領政策などを論述した。とはいえ、かかる前提のもとで書いていくうちに、史実という砂金をつかみ取った指のあいだからこぼれおちた粒も少なくなかった。そのなかには、拙著の枠組みには入らなかったものの、おそらくはおおかたの読者の興味を惹《ひ》くであろう、日本に関係がある論題も多々ある。

今回、幸いにも、拙著執筆にまつわる挿話を述べる機会を与えられたので、そうしたエピソードの若干を列挙することにしたい。いわば、一種の補遺として、また、肩の凝らないエッセイとしてお読みいただければ幸いである。

七三一部隊の影

一九四一年十月、ベルリンの陸軍軍医学校において、一人の日本人が演壇に立ち、居並ぶドイツ軍医たちを前に、生物戦に関する講演を行った。彼の名は北條圓了《ほうじょうえんりょう》、東京帝国大学医学部を卒業したのち、陸軍軍医として七三一部隊に勤務し、チフス菌の研究を行った人物であった。当時、軍医中佐であった北條は（最終階級は軍医大佐）、細菌学研究のため、ドイツに派遣されていたのである。北條は、その講演で、人体実験を行っているとは明言しなかった。が、そうでなければ得られないようなデータを列挙し、日本の生物戦準備の進捗《しんちょく》ぶりを誇った。さらには、ドイツ側の立ち後れを批判し、エアロゾルで細菌を空中噴霧することによる「攻撃的生物戦」を研究する必要を説いたのである。

おおかたの読者にとっては意外なことであるかもしれないが、ドイツ国防軍の生物兵器研究は、それに対する防御に集中しており（ワクチン生産）、いわゆる「攻撃的生物戦」、すなわち、敵陣、あるいは、その後方に有害な細菌を蔓延《まんえん》させる作戦・戦術の研究は進んでいなかった。総統アドルフ・ヒトラーが、「攻撃的生物戦」を禁止していたためであった。

ヒトラーは、なぜ「攻撃的生物戦」を拒否したのか。その根拠については、さまざまな議論がある。一九三九年に「攻撃的生物戦」は実行困難であるとの報告を受け、それに同意したのだと説く論者もいる。この問題を研究したドイツの医師フリードリヒ・ハンセンは、ヒトラーといえども、ドイツの学術の誇りである生物学を攻撃に使用し、汚名を着せることを嫌ったのだと推測しているが、むろん、確証はない。ヒトラーの「攻撃的生物戦」拒否の動機を知ることは、史料的には不可能なのだ。

ただし、ヒトラーは、「攻撃的生物戦」の研究までも禁じたわけではない。ドイツ国防軍は、生物戦には看過できない重要性があるとみなし、陸軍軍医学校に勤務していた医学者ハインリヒ・クリーヴェを中心とするグループに研究を委託していた。彼らが、第二次世界大戦前半でドイツが占領した国々から接収した生物戦研究の成果は、ドイツ国防軍を憂慮させるに足るものであった。とくに、フランスが、細菌を死滅させることなくエアロゾルで撒布《さっぷ》する技術の開発を進めていたことは、生物戦に後れを取っていたドイツに衝撃を与えた。かかる状況で、北條講演は行われたのである。しかも、北條は、エアロゾルによる細菌撒布の重要性を説いていたのだから、ドイツ軍医たちが受けた影響はきわめて大きかったはずであろう。

翌年、一九四二年になると、対ソ侵攻が成功しなかったこともあって、ヒトラーも考えを変えた。同年五月にあらためて「攻撃的生物戦」の禁止命令を出しながら、防御目的の利用を解禁し、翌六月に、あらゆる科学を動員した総力戦を行うべしと命じたのだ。さらに、親衛隊全国指導者ハインリヒ・ヒムラーが、「攻撃的生物戦」推進の後ろ盾になった。きっかけは、一九四二年五月、ベーメン・メーレン保護領副総督に任じられていたラインハルト・ハイドリヒが、イギリスに支援されたチェコスロヴァキアの抵抗運動家たちに暗殺されたことだった。イギリスの戦争遂行が手段を選ばぬものとなったことを知ったヒムラーは、兵器としての病原菌使用が予想されると考え、「攻撃的生物戦」を強く支持するようになったのである。

ヒムラーの肝いりで設置された生物戦研究所（ガン研究所に偽造されていた）を指揮したのは、全国保健指導者代理だった医師クルト・ブローメである。ブローメのもと、一九四三年から一九四四年にかけて、ドイツの「攻撃的生物戦」は急速に進歩した。一九四三年には、ダハウの強制収容所で人体実験が行われている。なお、このころ、病原菌を媒介する昆虫の研究が進められていたが、その実験に使われたコロラドハムシは、日本から入手したものであった。

また、一九四三年から一九四五年にかけて、ドイツは、ペスト菌による「攻撃的生物戦」の準備を進めた。細菌培地を生産し、大量のペストワクチンを用意したのである。この細菌戦が実際に行われたかどうかは、一次史料では確認できないが、もし決行されたとしたら、七三一部隊が中国で行ったのと同様、航空機からペスト菌で汚染されたノミを撒《ま》くといったかたちを取ったであろうとする研究者もいる。

今となっては、北條圓了をはじめとする日本の軍医がドイツの生物戦関係者に、どの程度の知識やノウハウを提供したかは、史料的制約からつまびらかにできない。しかしながら、破棄をまぬがれた文書や証言から、ドイツの生物戦に七三一部隊の影が差していることは否定できないのである。

石原莞爾と独ソ和平工作

対米英戦争に突入した日本にとって、独ソ戦が悩ましい存在であったことはいうまでもない。独ソ戦が続いているあいだ、極東におけるソ連の圧力は減じるから、その点では有利になる。ところが、対米英戦遂行の観点からみれば、同盟国ドイツのリソースが対ソ戦に吸収されることは、それだけ、アメリカやイギリスの感じる脅威が少なくなることを意味するのだ。ゆえに、日本側では、独ソを和平せしめて、ヒトラーの戦力が米英に向かうようにするべしとの見解が有力だった。

なかでも、この策を強く主張したのは、ときの首相東條英機《とうじょうひでき》と対立し、野に下っていた石《いし》原莞爾《わらかんじ》元陸軍中将であった。日米開戦の日である一九四一年十二月八日、講演のために高松《たかまつ》にあった石原は、その夜、一睡もせずに「戦争指導方針」を書き上げた。そこには「強力なる外交により、速やかに独『ソ』の和平を実現せしむ」（旧字旧カナを新字新かなに直し、句読点を補って引用）とある。

一九四二年初頭、石原は具体的な行動に出た。彼の「満洲《まんしゅう》」人脈に連なるハルビン国際ホテル社長寺村銓太郎《てらむらせんたろう》とともに、独ソ和平工作を計画したのである。寺村の進言を受け、石原が仲介役として白羽の矢を立てたのは、ドイツ航空産業連盟日本代表のゴットフリート・カウマンだった。これを受けて、寺村は、参謀本部第二（作戦）課長の服部卓四郎《はっとりたくしろう》大佐の紹介を受け、カウマンに接触、三月六日に独ソ和平斡旋《あっせん》の件を打ち明けた。その際、和平工作の妨げになると思われたのは、駐独日本大使大島浩《おおしまひろし》である。親独派で知られた大島は、当時、ヒトラーの伝声管ともいうべき存在になっており、独ソ戦についても、ドイツは和平などせず、徹底的に戦い抜くであろうと報告してきていた。よって、この大島を迂回《うかい》するために、日本から特使を派遣するという方策が練られる。

ついで、寺村は、陸軍参謀本部作戦部長田中新一《たなかしんいち》中将ならびに同作戦班長辻政信《つじまさのぶ》中佐を説き、独ソ和平推進側に獲得した。また、オイゲン・オット駐日大使以下、ドイツ大使館の首脳部も、カウマン経由で和平斡旋の件を聴き、これに賛同した。対ソ戦遂行を唱える大島やドイツ外相ヨアヒム・フォン・リッベントロップを通しては、その段階でつぶされる可能性があるから、日本から特使を派遣し、ヒトラーとの会談の席で和平斡旋を持ち出すと、打診の方策まで決められたのである。

ところが、ベルリンの姿勢は、独ソ和平どころではなく、むしろ日本の対ソ戦突入を求める方向に向かっていた。七月九日、大島大使と会見したリッベントロップ外相は、日本の参戦はソ連への決定的打撃となるであろうと強調した。そのため、大島は、ドイツは日本の参戦を要求してきたと本国に報告したが、東京はこれを拒否した。

この時点で、独ソ和平工作をめぐる日独の政治情勢は、ねじれた対立を示していたのである。つまり、一方では、独ソ和平斡旋を望む日本側とドイツ大使館、他方では、日本の対ソ参戦を慫慂《しょうよう》するリッベントロップと大島という構図で、いわば東京とベルリンが枢軸側の外交をめぐって相争うがごとき様相を呈していたのだ。

しかし、こうして独ソ和平工作が広範囲に論じられるようになっては、日本の特使が斡旋の任を負っていることをベルリンに隠すことは困難になった。どのようなルートで伝わったかはさだかではないが、八月末にはもう、リッベントロップは、天皇の特使は独ソ和平を狙っていると疑うようになっていた。八月三十一日、大島を招いたリッベントロップは、独ソ単独和平の噂が日本から生じていると非難、調停に応じる意思はないと告げた。ヒトラーとの頂上会談で提案するはずの独ソ和平が、その主たる障害であるリッベントロップと大島に知られたとあっては、もはや仲介がうまくいくはずもなかった。

陸軍参謀本部を巻き込んだ石原莞爾の工作は、かくして挫折《ざせつ》した。もし石原の大構想が実現していれば、太平洋戦争、ひいては第二次世界大戦の帰趨《きすう》を変えてしまったかもしれない。だが、それは歴史の「イフ」、一場の夢と化したのである。

この石原莞爾の動きをはじめとする一連の独ソ和平工作は、拙著でも若干触れたが、日本側で、それに関与した人々は、東郷茂徳《とうごうしげのり》外務大臣や山本五十六《やまもといそろく》連合艦隊司令長官など、多岐にわたり、きわめて興味深いものがある。関心を持たれた向きは、本稿末尾に上げた拙論をごらんいただきたい。

「満洲」を蹂躙した作戦術

ソ連側は、対独戦後半において、戦略目的達成のために、「戦役」（一定の時間的・空間的領域で実施される戦略ないし作戦目的を達成せんとする軍事行動）を相互に連関・協同させる「作戦術」を駆使し、ドイツ軍を圧倒した。この「作戦術」は、一九四五年の対日戦でも大きな成果を挙げた。では、それは、具体的にどのような展開をたどったのだろうか。

一九四五年の日ソ戦争は、南方に兵力を転用し、「張り子の虎」となった関東軍を、ソ連軍が数に物を言わせて圧倒した。日本では、そうした理解が一般的である。しかし、それは事実の一面でしかない。ソ連軍はむしろ、作戦術によって日本軍を翻弄《ほんろう》し、敵陣奥深くまでも同時に制圧し、突進する「縦深戦」によって、驚異的な進撃をみせたのである。

ソ連軍の対日作戦策定は、一九四四年秋までさかのぼることができる。同年十月、英首相ウィンストン・チャーチルはモスクワを訪問し、戦後の勢力圏分割について、ソ連の独裁者ヨシフ・V・スターリンと会談していた（第四次モスクワ会議）。そこで、スターリンは、ドイツ打倒の三か月後に対日参戦するとの言質を与えていた。この会議の一環として行われた米ソの軍当局の協議において、赤軍参謀本部作戦部長アレクセイ・I・アントノフ大将は、満洲および千島《ちしま》・南樺太《みなみからふと》侵攻のための兵力集中について、その概要を米側に伝えている。実は、赤軍参謀本部は、すでに一九四四年九月末以来、対日作戦計画の策定を開始していたのだ。

この計画では、一九四五年八月なかばに作戦を発動するとの想定のもと、極東に九十個師団を集中すると定めていた。この膨大な兵力が、第一極東正面軍、第二極東正面軍、ザバイカル正面軍に区分される。各正面軍に与えられた任務は、作戦術にもとづく戦役の配置を明確に示すものだった。

第一極東正面軍は、「満洲国」東部の山岳地帯に、関東軍が築いた要塞《ようさい》群を攻撃し、その防衛を担当していた日本軍の第一方面軍に打撃を加えることとされた。加えて、北部からは、第二極東正面軍がチチハル、ハルビン方面に攻勢をかける。これだけでも、日本軍にとっては深刻な圧力であったが、ザバイカル正面軍は、より大胆な機動作戦を予定していた。西部の大興安嶺《だいこうあんれい》山脈、さらには外蒙古《がいもうこ》の砂漠・草原地帯といった戦車や自動車には不向きな地形に（日本軍は、大規模な部隊の進撃は困難と判断し、充分な兵力を配置していなかった）、敢《あ》えて機械化部隊を投入し、関東軍の後方、長春《ちょうしゅん》や奉天《ほうてん》までも長駆進撃する計画だったのである。

これを「作戦術」の観点から説明すると、第一極東正面軍ならびに第二極東正面軍は、「満洲国」北部と東部を攻撃する二つの「戦役」を担当している。両者が相互に連関していることはいうまでもない。かかる攻勢に日本軍が対応しているあいだに、ザバイカル正面軍は、日本軍が大興安嶺山脈の峠を固め、進撃の妨害に出る前に、西から「満洲国」になだれこむ。孤立した敵守備隊を迂回し、はるか前方の要衝を奪取するのだ。そうして、関東軍の大動脈を断ってしまえば、第一極東正面軍と第二極東正面軍の攻勢も、いっそう容易になる。

また、当初は赤軍大本営代理として、各正面軍の調整にあたっていたアレクサンドル・M・ヴァシリェフスキー元帥が、ソ連最初の「戦域軍」司令官に任命されたことも見逃せない。それまで、アドホックに遂行されていた「作戦術」にもとづく指揮統帥が、正面軍の上に戦域軍を置くというかたちで制度化されたのである。

一九四五年八月八日午後五時（モスクワ時間。日本時間では午後十一時）、ソ連外務人民委員（他国の外務大臣にあたる）ヴャチェスラフ・M・モロトフは、駐ソ日本大使佐藤尚武《さとうなおたけ》に宣戦布告を伝えた。日付が九日に変わると、ソ連軍の砲爆撃が「満洲国」の日本軍陣地に叩《たた》きこまれる。侵攻するソ連軍の前に、日本軍は局地的には激しい抵抗をみせたが（たとえば、「満洲国」東部国境に建設されていた虎頭《ことう》要塞が陥落したのは、停戦後の八月二十六日であった）、作戦的には、ほとんど無意味だった。ソ連軍部隊は、抗戦を続ける日本軍拠点を迂回して突進、戦略的な要点をつぎつぎに占領していったからである。かくて、極東ソ連軍の対日作戦は、のちのちまで研究の対象となるほどの教科書的連続縦深打撃となった。対独戦で完成の極に達した作戦術は、「満洲」の地で再び、その破壊力を発揮したのであった。

以上、拙著『独ソ戦』の落ち穂拾いを試みた。むろん、論述しきれなかった史実は、日本関係ばかりではない。そうした挿話は、他日またエッセイのかたちで示すか、別の著作に組み込んでいきたいと思っている。

参考文献

・Vortragsmanuskript "*Über den Bakterienkrieg*", *H 10-25/1*, Bundesarchiv/Militärarchiv.
・Ute Deichmann, *Biologen unter Hitler. Vertreibung, Karrieren, Forschung,* Frankfurt a.M./New York, 1992.
・David M. Glantz, *August Storm: The Soviet 1945 Strategic Offensive in Manchuria*, Leavenworth Papers, No.7, Fort Leavenworth, Kan., 1983.
・Ditto, *August Storm: Soviet Tactical and Operational Combat in Manchuria, 1945*, Leavenworth Papers, No.8, Fort Leavenworth, Kan., 1983.

・Friedrich Hansen, *Biologische Kriegsführung im Dritten Reich*, Frankfurt a. M./New York, 1993.
・神奈川大学評論編集専門委員会編『医学と戦争　神奈川大学評論叢書　第五巻』、御茶の水書房、一九九四年。
・中山隆志『ソ連軍進攻と日本軍　満洲――1945・8・9』、国書刊行会、一九九〇年。
・同　『一九四五年夏　最後の日ソ戦』、国書刊行会、一九九五年。
・拙稿「独ソ和平工作をめぐる群像――1942年の経緯を中心に」および「独ソ和平問題と日本」、大木毅『第二次大戦の〈分岐点〉』、作品社、二〇一六年。

（『B面の岩波新書』二〇一九年八月八日掲載）

スターリングラード後のパウルス

転向者

拙著『独ソ戦　絶滅戦争の惨禍』が刊行されて三か月ほどになる。幸い、好評を得ているようではあるが、新書という性格上、ごく簡略に記した事項について、より詳しく知りたいというご要望が少なからず寄せられている。とくに、スターリングラード（現ヴォルゴグラード）でドイツ第六軍を指揮したフリードリヒ・パウルス元帥が、ドイツ軍捕虜を組織して「ドイツ解放軍」を編成したいとスターリンに申し出たことは、予想以上に知られていなかったらしい。そんなことが本当にあったのかとの疑問を呈されたこともあった。東欧社会主義圏とソ連の崩壊以降、機密扱いとされていた、さまざまな文書が公開されたこともあって、パウルスの生涯については飛躍的に研究が進んだ。なかでも、旧東ドイツ出身の歴史家ディードリヒによる大部の伝記は、二〇〇九年の刊行以来、スタンダードの地位を占めている。残念ながら、そうした成果はなお日本には伝わっていないようだ。

もっとも、筆者は、単にそうした新発見や新事実があったがために、よりいっそうパウルスという人物に関心をかきたてられたというわけではない。ドイツ軍人として最高の階級である元帥の位にまで達しながら、「転向」をとげて、反ヒトラー運動に参加し、戦後は東ドイツのVIPとして余生を送った。その有為転変に、ドイツ近現代史の劇的な変遷が反映されているがゆえに、ヒューマン・インタレストをかきたてられるのである。本稿では、そのような視点から、スターリングラード後のパウルスについて論述していくこととしたい。

エリートの失墜

一九四三年一月三十一日午前八時、廃墟《はいきょ》と化したスターリングラードの市街から銃声が消えた。降伏のための交渉を申し出たドイツ軍の軍使を接受したソ連第六四軍司令官が、十時までの戦闘中止を命じたのである。ただちに、ソ連側の代表団が「ウニヴェルマーク」（百貨店）の地階に置かれたドイツ第六軍の司令部に入る。ドイツ側で交渉にあたったのは、第六軍の参謀長だった。病める軍司令官パウルス元帥は隣室で、副官から逐一交渉のもようを伝えられていた。九時には、ソ連第六四軍の参謀長が到着し、数時間以内に降伏せよと要求する。当時、第六軍は南北に分断されており、パウルスは南側の包囲陣にいた。この南部集団のみが、まず降伏することになったのだ。

最後通牒《つうちょう》の受諾後、ソ連代表団はパウルスに引き合わされた。彼は痩《や》せ衰え、顔面はけいれんし、右目をひっきりなしにしばたたいていたと、同席したソ連将校の一人が回想している。その後、パウルスは自らの専用車で、スターリングラードから八十キロ離れたドン正面軍の司令部に向かった。

この日、ドイツ国防軍のエリート参謀将校たるパウルスの運命は暗転したのであった。皮肉なことに、彼は、投降の前日、一月三十日付で元帥に進級していた。プロイセン・ドイツの歴史において元帥が降伏したことはないという故事を顧みたヒトラーが、死に至るまで戦い抜けとの含みを込めて、パウルスを軍人として最高の階級に進ませたのである。

もっとも、それまでのパウルスのキャリアは、その栄誉にふさわしいものではあった。カイザーがドイツに君臨していた時代、一八九〇年に官吏の家に生まれたパウルスは、一九一〇年、陸軍に入隊、一九一一年には少尉に任官した。第一次世界大戦では、西部戦線やバルカン方面、イタリア戦線を転戦、副官や伝令将校を務め、その働きにより、第一級および第二級鉄十字章を受けている。そうした戦歴が功を奏したのか、パウルスは、ヴェルサイユ条約の制限を受けて、大幅に削減された国防軍に残ることができた。

やがて、ヒトラーの政権獲得と軍拡政策の追い風を受けて、パウルスの道も開ける。自動車部隊参謀長、第一六軍団参謀長などを歴任し、将官となった。一九三九年、ポーランド侵攻に向けての動員過程で第一〇軍（ポーランド戦役後、第六軍に改称）参謀長に任ぜられた。そうしてポーランド侵攻と西方作戦に参加したパウルスは、さらなる重職につく。陸軍参謀次長、ドイツ参謀本部のナンバーツーである。彼は、この職にあって、ソ連侵攻計画「バルバロッサ」の立案にも参画した。ついで、一九四二年一月には第六軍司令官に就任し、東部戦線に配置される。

ここまでは順風満帆、ドイツ国防軍の出世街道を驀進《ばくしん》してきたものといえる。その頂点が、一九四三年一月三十日の元帥進級であった。

けれども、この栄光も一日かぎりのものであった。翌日のスターリングラードでの降伏を境に、エリート参謀将校パウルスの星は真っ逆さまに墜《お》ちていくのである。

「ドイツに忠実に」

捕虜となったパウルスの態度は頑《かたく》なものだった。一九四三年二月二日、ドン正面軍司令官コンスタンティン・K・ロコソフスキー中将直々の尋問を受けたパウルスは、自分が率いていた第六軍南部集団は降伏したのではない、弾薬不足ゆえに停戦せざるを得なかったのだと強弁し、なお戦闘を継続している北部集団に投降を命じることを拒否した。二月二十日、モスクワ近郊クラスノゴルスクの第二七捕虜収容所に移されたのちも、その言動にはなお傲《ごう》然《ぜん》たるものがあった。彼は、元帥に進級した翌日に降伏したため、階級章を得られぬままだった。そのことを不満に思ったパウルスは、中立国トルコに駐在するドイツ大使と陸軍武官に、元帥の階級章を送るようにと手紙を書いた。ソ連当局は、元帥を捕虜にしたことを誇示するには、むしろ、階級章をつけさせたほうが好都合だと判断したものと思われる。パウルス書簡のトルコへの転送は許可され、その結果、元帥の階級章を付した捕虜の写真が残されることになる。

四月になると、パウルスはモスクワ北東スーズダリの第一六〇捕虜収容所に移されたが、敵対的な姿勢は変わらない。ひそかに監視を続けていたソ連内務人民委員部（秘密警察）の報告によれば、彼は捕虜仲間たちに挨拶《あいさつ》する際、相変わらず「ハイル・ヒトラー」と叫んでいた。パウルスはおそらく、捕虜交換で帰国するチャンスがあると踏んでいるというのが、内務人民委員部の判断であった。六月には、亡命ドイツ共産党員ヴィルヘルム・ピーク（戦後、東ドイツの初代大統領）が捕虜収容所を訪問し、反ナチ政治運動（のちに「自由ドイツ国民委員会」に結実する）への参加を呼びかけたときも、パウルスは拒否した。自分は軍人であり、政治には関わらない。今後もドイツに忠実に振る舞うつもりだというのが、その答えだった。

しかし、七月に、モスクワ北東およそ三百キロのヴォイコヴォにあった第四八捕虜収容所、通称「将官収容所」に移されると、パウルスに対する風当たりが強くなる。そこには、捕虜となったドイツ将校たちが多数収容されていた。かつてパウルスの指揮下で第五一軍団長を務めていた、ヴァルター・フォン・ザイトリッツ゠クルツバッハ砲兵大将もその一人である。ザイトリッツらは、ソ連軍に協力し、イデオロギーとプロパガンダの面からドイツ軍の内的崩壊を進めることを目的とした組織「ドイツ将校同盟」の結成をはかっていた。

パウルスの変心

捕虜となった元帥が参加すれば、大きな政治効果が得られると期待した「ドイツ将校同盟」と、彼らをバックアップするソ連当局は、パウルスに圧力をかけた。一九四三年九月、内務人民委員部は、モスクワ近郊サラチェフにあるドゥヴロヴォ荘にパウルスを隔離した。同月に成立していた「ドイツ将校同盟」のメンバーならびにソ連側の担当者としか接触できないようにして、パウルスの説得にかかったのだ。しかし、パウルスは懊悩《おうのう》するばかりで、容易に旗幟《きし》を鮮明にしようとはしなかった。そのため、一度は「将官収容所」に戻されたが、一九四四年七月二十日にヒトラー暗殺未遂事件が起こると、再び圧力にさらされ――ついに重大な決断を下す。八月七日、ヒトラーに対する闘争開始と「ドイツ将校同盟」への加入を宣言したのである。

さりながら、パウルスの「変心」の理由は、必ずしもソ連側と「ドイツ将校同盟」の圧力のみに帰せられるものではない。この間、パウルスをして抗戦継続は無意味だと思わせるほどに、ドイツの敗勢はきわまっていたのだ。とくに重要だったのは、トルコがドイツと断交したことであったと、パウルスはのちに述懐している。それによって、連合軍のバルカン半島上陸の可能性が高まった。東西両戦線、さらにはイタリアやバルカンからの攻勢を受けては、ドイツは持ちこたえられまい。「それゆえ、私は、つぎのような認識に達した。耐えられるような条件で戦争を終わらせることなど、もう問題にならない。むしろ、反ナチ勢力を鼓舞し、戦線を分裂させて停戦に持ち込み、恐るべき最終的な破滅を回避することこそが重要なのだ」。これは、戦後のパウルスによる自身の変心の説明である。

もっとも、ザイトリッツをはじめとする「ドイツ将校同盟」の指導者たちは、パウルスを実権のある地位に就けようとはしなかった。それまでのソ連に対する敵愾心《てきがいしん》にみちた言動や「ドイツ将校同盟」加入へのためらいから、パウルスは充分信用できる人物ではないと考えたのだ。けれども、パウルスの「変心」は本物であった。彼は、積極的にソ連軍に協力するようになった。一九四四年八月には、孤立したドイツ北方軍集団司令官に降伏を呼びかける手紙を書き、ソ連政府に託した。同年九月末には、ルーマニアで包囲された第六軍（スターリングラードでの潰滅《かいめつ》後、再編された）に対し、旧第六軍司令官として降伏をうながしている。また、同年十月二十日には、モスクワ放送により、これ以上の抵抗は無意味だとドイツ国民に訴えた。

こうしたパウルスの活動のクライマックスは、一九四四年十月三十日付のスターリン宛て請願書だったろう。パウルスは、ドイツ軍捕虜から志願兵をつのって「ドイツ解放軍」を編成したいと提案したのである。ロシアの歴史家レーシンの捕虜時代のパウルスを描いた研究書によれば、これは、ザイトリッツらが進めていた構想とは別の、独自の動きであったと指摘されている。スターリンは、これを無視した。

かかるパウルスの行動は、ドイツ国内にあった家族に累を及ぼさずにはいなかった。元帥の「裏切り」に激怒した親衛隊全国指導者ハインリヒ・ヒムラーは、パウルスの妻子も同罪であるとして、ダハウをはじめとする強制収容所等に投獄したのだ。

パウルスの戦後

戦争が終わり、一九四六年初頭、パウルスは再びドイツの地を踏んだ。「サトラップ」（古代ペルシアの代官）作戦の暗号名のもと、ひそかに故国に飛んだパウルスは、同年二月十一日、ニュルンベルク国際軍事裁判の証人席に立ったのである。彼は、絶滅戦争としてのバルバロッサ作戦の性格を強調し、その計画立案において自らが果たした役割を詳細に述べた。また、その主犯となったのは誰かとの質問に対し、被告となっていたカイテル国防軍最高司令部長官、ヨードル国防軍統帥幕僚部長、ゲーリング空軍総司令官の名を並べてみせた。この滞在中、パウルスは、ドイツに残してきた妻との面会を拒否している。「目的に沿わない」というのが、その理由であった。三年後の一九四九年十一月、彼女は、とうとう夫と再会することなく、死去した。

パウルスの証言は、捕虜となっていたドイツ軍人たちに憤激を巻き起こした。彼らは、パウルスは恥知らずであり、名指しされたニュルンベルク裁判の被告たちと同程度に戦争責任を負っているとみなした。そのため、ソ連当局も、彼を捕虜収容所に戻すことはためらわれたとみえ、その身柄はモスクワ近郊トミリノの別荘《ダーチャ》に移された。一九四九年十一月に妻が没したときも、その事実はひと月ものあいだ隠されていた。このころ、パウルスは子供たちが西ドイツに暮らしていることを知っていたから、妻を亡くしたことがわかれば、建国されたばかりのドイツ民主共和国、いわゆる東ドイツに帰国するとの約束を取り下げるのではないかと、当局が危惧《きぐ》したための処置だったといわれる。折からの東西対立の激化に直面した東ドイツ政府は、社会主義に協力した国防軍の元帥に、それだけの利用価値を見いだしていたのである。

一九五三年十月二十六日、パウルスは東ドイツに送還された。東ベルリンに到着するや、東ドイツ政府と同国を支配する政党「ドイツ社会主義統一党」の幹部たちによる式典に迎えられた。いまや、パウルスは、東ドイツの大義を体現する象徴として、ドレスデンの高級住宅街にある邸宅と自家用車を与えられる存在となっていた。しかし、それは表面的な待遇でしかなかった。その動向は常に監視され、手紙も検閲されていた。自宅内や電話にも、盗聴器がしかけられていたという。また、影響力のある地位が与えられることもなかった。兵営人民警察（東ドイツ軍、「国家人民軍」の前身）戦史研究委員会議長というのが、パウルスの正式の身分である。

東ドイツに定住したパウルスは、スターリングラード戦の研究にいそしみ、自らの立場を正当化しようとした。その主張を述べた講演は、東ドイツで『パウルス将軍は語る』として、出版されている。しかし、健康状態の悪化は、研究の完成を許さなかった。ＡＬＳ（筋萎縮《いしゅく》性側索硬化症）にかかったパウルスは、いっさいの公的な役職から退き、ただ死を待つ身となる。一九五七年二月一日、死去。スターリングラードでの降伏から、ちょうど十四年の歳月が過ぎていた。東独国家人民軍の栄誉礼を以《もっ》て、ドレスデンの墓地に埋葬された遺骨は、のちにバーデン＝バーデンのパウルス家の墓所に改葬されている。

　このように、パウルスは、はからずもその生涯の浮沈を、ドイツ史の明暗に重ねることになった。ドイツ帝国に生まれ、ヴァイマール共和国を経て、ナチスの時代に栄進し、ほとんどのドイツ人同様に東西分裂と冷戦に翻弄されたのである。むろん、ヒトラーの元帥から、社会主義の大義に献身する赤い将軍というプロパガンダ的象徴への転身は、彼自身の功名心や生き残りが主たる動機であったと考えることもできる。しかしながら、それを、単なるエリートの転落であったとするのは、いささか単眼的にすぎよう。ここまでみてきたように、パウルスの人生には、彼自身の意思による選択のみならず、近代ドイツがたどってきた、つづら折りの道が重なっているからである。

参考文献

・Torsten Diedrich, *Paulus. Das Trauma von Stalingrad. Eine Biographie*, 2. Aufl., Paderborn et al. 2009.
・Ditto, *Stalingrad 1942/43*, Stuttgart, 2018.

・Johannes Hürter, *Hitlers Heerführer. Die deutschen Oberbefehlshaber im Krieg gegen die Sowjetunion 1941/42*, München, 2006.
・Leonid Reschin, *Feldmarschall im Kreuzverhör. Friedrich Paulus in sowjetischer Gefangenschaft 1943-1945*, Berlin, 1996.
・Peter Steinkamp, *Generalfeldmarschall Friedrich Paulus. Ein unpolitischer Soldat?* Erfurt, 2001.

（『B面の岩波新書』二〇一九年十一月七日掲載）

妥協なき「世界観」戦争

「バルバロッサ」作戦

一九四一年六月二十二日、ナチス・ドイツとその同盟国の軍隊およそ三百三十万は、バルト海から黒海に至る長大な戦線（約三千キロ）でソ連に攻め入った。「バルバロッサ」作戦、そして、史上最大の陸上戦である独ソ戦が開始されたのである。ドイツ軍の進撃はめざましく、各地でソ連軍を包囲撃滅しつつ、ミンスク、スモレンスクなどの要衝を占領し、北では革命の聖都であるレニングラード（現サンクトペテルブルク）に迫った。八月から九月にかけてはウクライナで機動戦を展開、キエフ（現キーウ）方面の防衛にあたっていたソ連軍四十五万余を殲滅《せんめつ》した。

複合戦争としての独ソ戦

こうした経緯をみれば、ドイツ軍は「電撃戦」と喧伝《けんでん》された、きわめて短期間に勝敗を決するような戦争、すなわち通常の戦争を企図していたようにみえる。事実、ドイツ総統アドルフ・ヒトラーは、将軍たちや政府首脳に、ソ連の打倒には、イギリスの継戦意志をくじくという戦略目標があると説明していた。フランスが降伏（一九四〇年六月）したのちもなお、イギリスが執拗《しつよう》に抵抗するのは、たとえ独ソ不可侵条約が結ばれていたとしても、いずれはソ連がドイツの背後を突いてくれるだろうと期待しているからだ。であるならば、その希望であるソ連を屈服させれば、イギリスもあきらめて講和に応じるはずだというのが、ヒトラーの論理であった。

しかし、ヒトラーには、より重要な戦争目的があった。彼は、人種主義にもとづき、ソ連を征服、同国の諸民族を絶滅、もしくは奴隷化して、ドイツ人を入植させ、巨大な東方植民地帝国を築くことを生涯の政治目標としていたといわれる。かかる構想からすれば、対ソ戦は、倒すか倒されるかの妥協のない「世界観戦争」であり、軍事的勝利のみならず、ソ連国民の物理的な抹殺をはかる「絶滅戦争」とならざるを得ない。

加えて、ヒトラーの政権掌握以降、ドイツは「大砲もバターも」の経済政策を取っていた。

バルバロッサ作戦（1941年）

Russell A.Hart, *Guderian.Panzer Pioneer or Myth Maker?*, Washington,D.C.,2006, p.67より作成

「大砲」、つまり軍拡と同時に、民需や高い生活水準の維持といった「バター」をも同時に追求したのである。第一次世界大戦でドイツは総力戦を行い、国民に多大な負担を強いた結果、革命が生起し、敗戦に至ったのだと認識するヒトラーとナチス首脳部には、国民を満足させ、体制への支持を確保することは、戦争に乗り出すために必須の要件なのであった。ところが、資源に乏しいドイツが、そうした二兎《にと》を追う経済政策を進めるのは、もとより無理なことであったけれども、ヒトラーは、他国の征服とそこからの収奪によって、不足をまかなうとした。かくて、自転車操業的な戦争と領土拡張が不可欠となる。そのような経済構造を持つドイツにとっては、資源豊かなソ連に「収奪戦争」を行うことは、いわば必然であった。

独ソ戦は、かくのごとき三つの戦争、「通常戦争」、「世界観戦争（絶滅戦争）」、「収奪戦争」が重なった複合戦争だったのである。

「絶滅戦争」と「大祖国戦争」

緒戦では破竹の勢いを示したドイツ軍であったが、戦力の消耗や補給態勢の破綻《はたん》を来し、一九四一年末のモスクワ攻防戦ほかで、ソ連軍の反攻を受け、短期戦のもくろみはついえてしまう。そうして「通常戦争」が退勢になるにつれ、軍事的合理性にもとづく戦争指導はなりをひそめ、「絶滅戦争」の諸要素が前面に出てくるようになった。現地住民を餓死させることもためらわぬ組織的な収奪計画が実行に移される。捕虜となったソ連軍将兵は劣悪な条件下で強制労働に駆り出され、衰弱死を強いられていく。ナチスの用語でいう「劣等人種《ウンターメンシュ》」の絶滅が、重要な戦争目的としてクローズアップされてきたのである。

そうした「絶滅戦争」をもっともよく象徴していたのは、ナチス親衛隊のもとに編成された「出動部隊《アインザッツグルッペ》」であったろう。「出動部隊」は、敵地に侵攻する軍に後続し、ナチスにとっての敵とみなされた分子を抹殺してまわったのである。彼らに殺害された人々の総数は、その厖大《ぼうだい》さゆえに今日なお確認されていないが、少なくとも九十万におよぶだろうと推定されている。

かかる「絶滅戦争」に対し、ソ連側もイデオロギーを動員した。ナポレオンの侵攻（一八一二年）に抗した「祖国戦争」になぞらえ、ドイツとの戦争は国家の存亡がかかった「大祖国戦争」であると規定し、共産主義とナショナリズムを結合することによる国民統合と動員をはかったのである。その結果は凄惨《せいさん》をきわめた。ドイツ人は交戦相手ではなく、滅ぼされるべき悪とみなされたため、捕虜の虐待をはじめとする、さまざまな残虐行為がなされ、しかも正当化されていったのだ。

妥協なき闘争の果て

一九四二年、ドイツ軍は、コーカサスの油田など南部ロシアの資源地帯占領を目的とする「青号」作戦を発動した。しかし、スターリングラード攻略に拘泥したヒトラーのミスもあり、攻勢は決定的な成果をあげられなかった。スターリングラード攻略にあたっていたドイツ第六軍は逆包囲され、一九四三年初頭に降伏した。ドイツは、ソ連を屈服させるだけの戦略的打撃力を失ったのだ。

続くクルスク会戦以降のソ連軍連続攻勢によりドイツ軍は大打撃を受け、その敗北は誰の目にもあきらかになった。一九四四年には、ソ連軍はその国土から侵略者を駆逐し、ドイツ本国をうかがう勢いをみせる。

にもかかわらず、ヒトラーは和平による戦争終結を認めようとはしなかった。彼にとって、対ソ戦は倒すか倒されるかの「世界観戦争」であり、妥協で終わらせるわけにはいかなかったのである。

こうした敵に対するソ連軍の戦いぶりも無慈悲なものとなった。ドイツ領内に進撃したソ連軍の将兵は暴行や略奪を繰り返し、この世の地獄を現出せしめた。それでもヒトラーは戦争継続を叫びつづけ、それはベルリン陥落と彼の自殺まで続く。かくて独ソ戦は史上空前の惨戦となったのである。

その総決算は衝撃的な数字を示した。ソ連側の死者は軍民合わせて二千七百万とされる。ドイツ側は戦闘員四百四十四万ないし五百三十一万八千を失い、民間人の被害も百五十万ないし三百万におよぶと推計されている（ただし、対ソ戦以外の損害も含む）。

（『週刊東洋経済』二〇二一年五月九日号）

「社会政策」としての殺戮
――ティモシー・スナイダー『ブラッドランド』
（布施由紀子訳、ちくま学芸文庫、二〇二二年）書評

早いもので、もう四十年近く前になる。筆者は、大学院の演習で、今日に至るまで大きな影響を受けることになった論文に出会った。シカゴ大学教授（現同大名誉教授）だったミヒャエル・ガイヤーによる「社会政策としての戦争」（Michael Geyer, Krieg als Gesellschaftspolitik. Anmerkungen zu neueren Arbeiten über das Dritte Reich im Zweiten Weltkrieg, in: *Archiv für Sozialgeschichte*, Bd. XXVI / 1986）である。

この論文は、ナチス・ドイツ研究に関する当時の最新文献に、集合書評を加えるという体裁ではありながら、実はガイヤー自身による第二次世界大戦像を展開するものだった。その行論と筆致は難解で、筆者も苦労させられたことを記憶している。けれども、戦争には「社

会政策」の側面があり、それは征服された国家ばかりではなく、占領した側の社会構造も変えていく、ナチス・ドイツのやったことはまさにそれだとする指摘は、はなはだ刺激的で、筆者の戦争観に一つの軸を与えてくれたように思う。

もちろん、ここでいう「社会政策」とは、Gesellschaftspolitik という言葉を使っていることからもあきらかなように、福祉など、社会問題を解決するための公共政策を意味する社会政策（こちらは Sozialpolitik）ではない。あるいは「社会改編・構築政策」ぐらいに意訳するほうが適切であるのかもしれぬ。ガイヤーによれば、ナチス・ドイツは人種やイデオロギーにもとづくゲゼルシャフトを構築する手段として戦争を遂行し、自らと他者の社会を変容させていったのだ。

筆者が、ティモシー・スナイダーの『ブラッドランド――ヒトラーとスターリン 大虐殺の真実』（布施由紀子訳、上下巻、筑摩書房、二〇一五年。原書刊行は二〇一〇年）に接したとき、想起したのは、まさにこのガイヤーの議論だった。スナイダーは、第一次世界大戦から冷戦時代にかけて、彼が「流血地帯」と呼ぶ中東欧、ヨーロッパ・ロシアにおいて繰り広げられた「社会政策」を、緻密《ちみつ》かつ広汎《こうはん》な叙述で描きだしてみせたと筆者には感じられたのである。

しかも、スナイダーの場合、「社会政策」の手段は戦争にとどまらず、飢餓政策や組織的絶滅政策など「殺戮《さつりく》」も含まれている。加えて、ヒトラーのドイツのみならず、スターリンのソ連もまたそれらを推進した主体であるともされた。『ブラッドランド』原書刊行後、この両者を同一視したということで、スナイダーは一部に批判されたが、今となっては、かかる論難は維持不可能だろう。

ともあれ、こうした視座より、独ソおのおの、そして「流血地帯」の諸国民のゲゼルシャフトを見舞った暴力的で血なまぐさい変革が、多数の言語を駆使したスナイダーの筆によって描かれる。

スターリンの「近代化」強行による飢餓の蔓延《まんえん》、「大テロル」、第二次世界大戦開始後の独ソによるポーランド人殺戮と強制連行、ヒトラーのソ連侵攻以後の住民虐殺……。

むろん、スナイダーは、読者の残酷趣味を満足させるために、これら最暗黒の蛮行の総目録を書いたわけではない。「流血地帯」の惨害がけっして偶然に生じた原始的野蛮への回帰ではなく、「社会政策」としての意味を持ち得るがゆえに現実になったことを、事実に即して叙述したものと筆者には思われる。だとすれば――二十世紀の「流血地帯」に生じたことが、いつか、世界のどこかで起こらないとは、なんびとたりとも断言することはできまい。

そうした不安を杞憂《きゆう》に終わらせるためには、素朴ではあるが、まず何が起こったかを直視することが必要であろう。その意味で『ブラッドランド』が、原書増補改訂版の加筆・修正を反映した上で、ちくま学芸文庫に収められるのは有意義であるし、あらたな読者を広範囲に獲得することを期待したい。

この憂鬱《ゆううつ》なる史書は劇薬であるかもしれないが、それだけの薬効を有しているのである。

(『webちくま』二〇二二年十一月十日掲載)

第二章　軍事史研究の現状

第二次世界大戦を左右したソ連要因

ソ連という巨大な岩塊

二〇一九年七月に、拙著『独ソ戦　絶滅戦争の惨禍』（岩波新書）を上梓《じょうし》した。はからずも、ヨーロッパで二度目の大戦が勃発《ぼっぱつ》してから八十年目の節目に、その帰趨《きすう》を決した独ソ戦をテーマとした本を出すことになったわけだ。本書の刊行以来、独ソ不可侵条約、ドイツのポーランド侵攻、英仏の対独宣戦布告などの歴史的事象が、それぞれ八十周年を迎え、さまざまなメディアで報じられたこともあって、考えさせられることが多々あった。そうして再確認したのは、第二次世界大戦において、ソ連要因が果たした役割の大きさである。ソ連という巨大な岩塊は、いくたびかの決定的な時点で、第二次世界大戦の流れを転回させたのであった。以下、第二次世界大戦開戦前後と独ソ戦勃発直後の二つの時期における政治と戦略の展開を示しつつ、ソ連の動きをみていくこととしたい。

戦争の局地化をはかるヒトラー

一九三九年春、ヨーロッパは戦争の予感におののいていた。アドルフ・ヒトラー率いるナチス・ドイツは、前年に同じゲルマン系の民族が主流を占めていたオーストリアを合邦していたが、さらに英仏伊と結んだミュンヘン協定を無視して、チェコスロヴァキアを解体し、自らの勢力圏に収めたのである。つぎなる侵略の矛先がポーランドに向けられるであろうことは、誰の目にもあきらかであった。

しかし、ヒトラーは一つの壁に直面していた。これまで、第一次世界大戦後のヨーロッパ国際秩序における原則の一つであった民族自決を逆手に取り、ドイツ系少数民族の解放を大義名分として、無血で領土拡張を進めてきたのであったが、その術策も限界に達していたのだ。イギリスとフランスは、これ以上ドイツに対する宥和《ゆうわ》政策を続けることはできないと、ポーランドに保障を与え、同国が攻撃された場合には参戦・支援すると約した。つまり、ドイツがポーランドに手を出せば、それは二国間の戦争にとどまらず、欧州大戦に発展すると宣言したにひとしい。

むろん、ヒトラーも対抗策を取らなかったわけではない。一九三八年以来、英仏の介入を防ぐために、ドイツは日本との接近をはかっていた。日独防共協定の軍事同盟への強化をめざす、いわゆる「防共協定強化交渉」である。もし日本を同盟国として獲得し、戦争勃発の際の参戦義務を課すことができれば、たとえ英仏がヨーロッパの戦争に介入しようとしても、その極東植民地が日本の脅威にさらされることになるから、踏みとどまらざるを得ない。それがヒトラーの計算だった。

ところが、ドイツと結ぶことは、英仏、ひいては、両国を支援するであろうアメリカとの対立につながると危惧《きぐ》した日本海軍ならびに外務省は、軍事同盟への反対を続け、ゆえに「防共協定強化交渉」は長引くばかりだった。すなわち、ヒトラーが望んだような、日本による英仏の牽制《けんせい》は期待できなくなったのである。

スターリン流の安全保障

一方、ソ連の赤い独裁者スターリンも、大戦の影におびえていた。これまで、ソ連は、フランスやチェコスロヴァキアとともに集団安全保障体制を構築してきた。ところが、当事者であるチェコスロヴァキアの頭越しに英仏伊がドイツと交渉したばかりか、ソ連を無視したとあっては、もはや集団安全保障に頼ることはできなかった。スターリンは、英仏がドイツにチェコスロヴァキアを譲り渡した背景には、ヒトラーをソ連にけしかける意図があると理解したのだ。

ならば、相手がヒトラーであろうとも、その好意を取りつけ、ドイツの攻撃がソ連に向かないようにしなければならない。スターリンは決断を下した。彼が発したシグナルは、慎重ではあったが、同時に明瞭《めいりょう》なものであった。

一九三九年三月、第一八回ソ連共産党大会においてスターリンが行った演説は、重大な変化を含んでいた。従来、スターリンは資本主義国家のすべてを激しく非難していたのに、このとき攻撃されたのは英仏だけだった。さらに、およそ二か月後に、スターリンはリトヴィノフ外務人民委員（他国の外務大臣にあたる）を更迭、モロトフに代えた。リトヴィノフは、英仏を含めた集団安全保障を通じてドイツを封じこめる政策を進めてきた人物だったから、この人事の意味するところはあきらかである。

五月二十日、新任のモロトフ外務人民委員と初めて会見し、独ソ経済交渉について議論したドイツの駐ソ大使は、同交渉は政治的基盤がつくられた際にようやく再開され得るという、含みのある言葉を告げられた。一方、ベルリンでも、ドイツ外務省の東欧局長と駐独ソ連代理大使のあいだで、政治面での関係改善が論じられだしている。

スターリンは、不倶戴天《ふぐたいてん》の敵ヒトラーと結んででも、大戦の局外にとどまることを選んだのである。一方のヒトラーにとっても、日本に代えてソ連との関係を深め、英仏の牽制に当てるというのは魅力的な策であった。

戦闘を以て大戦を回避する

八月十二日、駐独ソ連代理大使は、ソ連側は独ソ協議に関心を抱いており、会議の場所はモスクワを希望していると、ドイツ側に申し入れた。ヒトラーは、ただちにリッベントロップ外務大臣に全権を託して、ロシアに派遣すると決定した。同月二十三日にモスクワに到着したリッベントロップは、すぐにモロトフと交渉を開始し、二十四日午前二時に（条約の日付は二十三日）、両国の国境の不可侵ならびに、第三国と交戦に突入した場合には他の締約国は中立を守ることとした条約に調印する。有名な独ソ不可侵条約である。この条約には、秘密議定書が付属しており、東欧における独ソの勢力圏を定めていた。

こうして、スターリンはひとまず大戦に巻き込まれることをまぬがれ、ヒトラーもまた、ポーランド侵攻を二国間戦争に局限する前提が整ったものと信じた。言い換えれば、ソ連の動きは、第二次世界大戦初期の枠組みを定めたのである。

さらにスターリンは、東西二正面戦争というソ連にとっての悪夢が現実とならないようにするため、極東でも手を打っていた。当時、極東ソ連軍・外蒙《がいもう》軍は、ノモンハンで日本の関東軍と国境紛争におちいっていたのだが、ドイツへの接近によって西方は安泰となるとみたスターリンは、ノモンハンに機甲戦力を集結させ、八月二十日に攻勢を発動させたのだ。周知のごとく、日本軍は大損害を出し、停戦交渉を余儀なくされた。

なお、冷戦終結後に機密解除された文書から、ソ連軍の消耗も激しかったことが確認されたこと、また、国境画定についても、ある程度日本側の意見が容《い》れられたことから、日本軍はノモンハンで勝ったとする向きも出てきた。しかしながら、ソ連軍が、関東軍に打撃を加えることによって、日本陸軍を対ソ慎重論に傾かせ、戦略目的である東方の安定を達成したことを考えれば、そうした主張は観念的な空論であると判断せざるを得ない。スターリンは、いわばノモンハンの戦闘を以《もっ》て、日ソの大戦を回避することに成功したのである。

独ソ開戦と日本

独ソ不可侵条約締結によって、英仏の介入を押しとどめ得ると確信したヒトラーは、一九三九年九月一日、ポーランド侵攻に踏み切った。けれども、彼の情勢判断は誤っていた。二日後、英仏はポーランドとの保障条約を守って、ドイツに宣戦布告する。ヒトラーの誤断から、ドイツは二度目の欧州大戦に突入したのだ。それでも、ドイツはポーランドを征服し、翌一九四〇年にはベネルクス三国とフランスを降伏させたが、イギリスはなお抗戦しつづけた。こうして手詰まり状態におちいったヒトラーは、イギリスが戦争を継続するのは、いずれソ連が味方になると期待しているからだと考えた。だとすれば、ソ連を打倒しなければ、戦争は終わらない。しかも、ソ連の植民地化は、かねてヒトラーのめざすところであり、収奪によってまかなわれているドイツの戦時経済にとっても必要不可欠である――。ヒトラーはソ連侵攻を決断した。一九四一年六月二十二日に発動された「バルバロッサ」作戦である。

交戦国であると中立国であるとを問わず、ドイツが対ソ戦に突入したことは大きな衝撃であったが、とりわけ影響を受けたのは日本であった。当時の日本は、中国での戦争やドイツとの同盟（一九四〇年九月、日独伊三国同盟締結）をめぐって、アメリカとの対立を深めつつあった。その日本に、仇敵《きゅうてき》ソ連をドイツとともに東西から挟撃するチャンスがめぐってきたのだ。

ゆえに、独ソ開戦を伝える最初の情報（一九四一年六月五日に、大島浩駐独大使が報告してきた）を得て以来、東京では、対ソ政策をめぐって、激しい議論が交わされることになる。松岡洋右《まつおかようすけ》外務大臣は、四月に日ソ中立条約を締結したばかりであるにもかかわらず、即時対ソ参戦を主張した。対ソ戦に引き込まれることを警戒する海軍は、独ソ戦への介入反対を唱える。陸軍に至っては、南進論、北進論、南北準備論（対ソ、対英のいずれにも開戦することなく、南北両面に対応できるよう戦力を強化すべしとの主張）に分かれ、内部でも対立する始末であった。

しかし、陸海軍首脳部は妥協にこぎつけることができ、南北準備陣を進め、好機が到来した場合にのみ独ソ戦に介入するという「帝国国策要綱」を作成する。これは、七月二日の御前会議で裁可された。世にいう「熟柿《じゅくし》主義」、柿が熟れて落ちるのを待つのにたとえ、労せずして成果を得んとする方針である。その実は機会主義にほかならない。

北進の幻

事実、この「帝国国策要綱」は、不介入を原則としていたものの、独ソ戦が日本に有利に進んだ場合には、武力を行使して「北方問題」を解決するため、ひそかに対ソ戦力を準備すると定めていた。つまり、対独戦に兵力を引き抜かれ、極東ソ連軍が弱体化したときには、対ソ戦に突入するとの含みだ。そのための戦力を整えるべく、七月五日、東條英機陸軍大臣は、「関東軍特種演習」と称される動員計画を承認した。大動員により、対ソ戦にあたる予定の関東軍を兵力七十万以上に増強しようというのである。

こうして、ソ連と「満洲国」の国境には、一触即発の空気がみなぎった。陸軍のなかには、ノモンハン以来の守勢から転じて、ついに対ソ戦を断行する好機が来たとはやりたつ者も少なくなかった。その急先鋒《せんぽう》となったのは、陸軍参謀本部作戦部長田中新一少将であり、彼の下には、作戦課長服部卓四郎中佐ならびに作戦班長辻政信中佐という名うての好戦派がいた。

けれども、彼らの「期待」が満たされることはなかった。陸軍参謀本部が開戦の前提条件としたのは、極東ソ連軍の兵力が半減することであった。ところが、極東ソ連軍は、いっこうに減少するきざしをみせない。一説には、ソ連軍は、極東の精鋭部隊を対独戦に引き抜いたあとに新編部隊を補充する、あるいは、部隊としてはソ満国境にいるのだが、古参の下士官兵や装備のみを抽出し、代わりに新兵や旧式兵器を配備するといったかたちで、額面上の兵力を維持したといわれる。

いずれにせよ、一九四一年七月後半には、ドイツ軍の進撃は鈍り、ソ連の急速な崩壊など考えにくい情勢になってきた。また、日米関係も急激に悪化していたから、北方に剣をかざしたままでいることは、いよいよ困難である。八月九日、陸軍参謀本部は、ついに年内は対ソ武力行使を実施しないと決定した。とはいえ、「関東軍特種演習」で準備された戦力は、やがて太平洋《たいへいよう》戦争初期段階の南方作戦に転用されていくことになる。一九四一年に日ソ戦争は起こらなかったが、そこでのソ連の行動は、極東、さらには太平洋での第二次世界大戦の展開に大きな影響を与えていたのである。

（『東洋経済オンライン』二〇一九年九月十八日掲載）

軍事アナロジーの危うさ

コロナ禍の蔓延《まんえん》により、世情は騒然としている。むろん、根本的な解決はワクチンの開発を待つほかなく、それまでは、いわゆる三密を避けての外出自粛等で感染爆発を防ぎながら、しのいでいくしかないのだろう。さりながら、そうした対応は社会・経済的なカタストロフィをもたらしかねない。「国難」という表現もけっして大仰であるとは思われぬ状況だ。政治家をはじめとする各界の識者がさまざまな提言をなすのも当然であるけれども、ある種の傾向が目立つことが気になる。

その傾向とは、軍事アナロジーの多用だといえば、説明の必要もあるまい。緊急事態宣言発布や給付金交付の遅れをみては「戦力の逐次投入は愚策」と批判し、さらにはコロナ対策はウィルス相手の「戦争」であり、「戦略」を以て対さなければならぬと唱える。平和な日本のどこに、これほど多くの軍師が隠れていたのかと驚くばかりである。もっとも、そのほとんどは「床屋政談」ならぬ「床屋軍談」のようだ。

かかる戦争・軍事のアナロジーの危うさは、さらに比喩《ひゆ》を進めて、ウィルスの戦争目的は何か、あるいは、ウィルス側の「重心」はどこにあるかと、おそらくはとっぴに聞こえるであろうが、軍事の論理からすれば当然である設問を加えてみれば、たちまちあきらかになるだろう。しかし、これらのアナロジーが濫用《らんよう》され、誤ったイメージを広めていくとあれば、嗤《わら》ってばかりもいられない。

右に挙げた「戦力の逐次投入は愚策」というようなアナロジーは、兵力の集中運用によって決戦に勝ち、戦争終結をもたらすといった十九世紀までのモデルにもとづくものであろう。だが、ウィルス相手の「決戦」など在るはずもない。どこかに持てる医療リソースのすべてを投入し、そこで感染を止めて終わりなどということは夢想でしかないのだ。余談ながら付言しておくと、用兵思想の研究においても、そうした「決戦」により戦争を終結させることは十九世紀後半以降困難になったという認識は、おおかたの一致するところである。

にもかかわらず、本来ならば、公衆衛生や医療のみならず、社会・経済的、あるいは国家財政の問題までも勘案し、それぞれのメリットとデメリットを計算しつくした上で、より適切な策を決めなければならぬウィルス対策に、軍事理論の一部を切り取って持ち込む。それは、実のところ、不適切なレトリックにすぎない。ウィルス対策とは、畢竟《ひっきょう》「戦略」の上位にある「政治」の領分なのだ。

もちろん、軍事の思考方法や軍隊組織の運用といったことに、他の分野、たとえば社会政策や企業の経営に応用できる部分があることは否定しない。たとえば、COIN（counter-insurgency の略）と呼ばれる対ゲリラ・テロリスト作戦の理論や経験則は、ウィルス対策を考える上で有益であろう。しかし、軍事理論を恣意的《しいてき》に引いてきて、一見もっともらしい主張をなすことは、かえって事態の本質を誤認させる可能性が大きいと危惧するものである。

とはいえ――現実には、そのような「床屋軍談」的な「戦略」論が頭をもたげている。これもまた、戦後の日本人に顕著な「教養としての軍事知識」の欠如がなせるわざかと嘆くのは、戦史・軍事史を研究している筆者のひが目か。

（『公研』二〇二〇年五月号）

一〇〇〇字でわかる帝国軍人

「紋切り型」を疑う

「帝国軍人」、すなわち旧日本陸海軍の軍人については、非合理的で粗暴な陸軍軍人、国際的・自由主義的な海軍軍人といったステレオタイプがあるように思う。これらは、主として、戦前戦中の固定観念、戦後の小説や戦記、映画、漫画などによって形成されてきたといってよい。

だが、はたして、こうした「紋切り型」はどこまで妥当なのだろうか。

一九八〇年代に多数の旧陸海軍軍人に接する機会を得た筆者としては、全否定こそしないものの、紋切り型による帝国軍人の理解には疑問を覚える。以下、軍の幹部である将校に絞って検討してみよう。

海軍士官は、早くから世界を見て、諸外国の事情に接する。事実、幹部養成学校である海軍兵学校生徒は、卒業直後に練習艦隊を組み、海外を巡航する遠洋航海を実施するのが常であった。ゆえに広い視野を持ち、開明的になるとは、日本海軍のみならず、世界諸国の海軍にいわれるところだ。しかし、それが根拠のない幻想にすぎないことは、カイザー時代のドイツ海軍がやはり世界を知っているはずなのに、陸軍以上に国粋主義に走り、階級意識に凝り固まっていたとの事実を指摘するだけでよかろう。

日本海軍の士官も例外ではない。海軍軍縮を推し進めた加《か》藤友三郎《とうともさぶろう》や終戦を実現させた鈴《すず》木《き》貫太《かんた》郎《ろう》のような識見の高い人物を輩出する一方、右翼国家主義者の末次信正《すえつぐのぶまさ》を要路に付けたのもまた海軍なのである。筆者が接した海軍士官もさまざまで、一九二〇年代の平和な兵学校で手間暇予算をふんだんに使って育てられた人と、戦争末期の大量生産クラスを出た人では、まったくちがう。

陸軍士官についても、情報や補給を軽視し、無謀な作戦を強行する参謀という紋切り型がつきまとう。だが、それは超エリート教育を受けた作戦参謀をイメージしてのことだ。その一典型である辻政信には、戦後、このような挿話が伝えられている。防衛大学校では、紳士教育の一環としてダンスパーティーが開かれているが、辻は、軍の幹部になる者がそんな軟弱な真似をするとはけしからんと怒鳴り込んだというのである。辻、あるいは陸軍作戦畑将校の心性を物語るエピソードであろう。

ところが、その一方で、情報や兵站《へいたん》などの畑を歩んできた陸軍士官には、驚くほど知性的な人物がいた。筆者が直接接した例では、終戦時の阿南惟幾《あなみこれちか》陸軍大臣の秘書官林三郎《はやしさぶろう》である。彼らは、職務の要求するところから、きわめて大局的・合理的な判断能力を得るようになっていたのであった。

とどのつまり、紋切り型は、ことの一側面を鮮明に映すけれども、全体像を浮かびあがらせることはできない。自明の理ではあるが、帝国軍人をみるにあたっても、生い立ち、社会的背景、経歴など、多様な面からみていかなければ、彼らの陰翳《いんえい》に富んだ歴史的個性を把握することは不可能なのである。

「教訓戦史」の陥穽

両大戦間期、日本陸海軍は世界有数の軍事力とみなされてきた。海軍はもとより世界第三位の艦隊を有していたし、陸軍も装備の近代化において見劣りするとはいえ、東アジアの軍事バランスに鑑《かんが》みれば、とうてい軽侮できるような存在ではなかった。

その陸海軍の指揮を執る将校たちは、当時にあっては最新の近代的戦争である第一次世界大戦の研究に、おさおさ怠りなかった。巨額の予算と多数の人員を投入し、英独仏露をはじめとする列強の公刊戦史を翻訳刊行するとともに、軍の高級将校育成・研究機関である陸軍大学校や海軍大学校、軍の各学校などで第一次世界大戦の研究を進めさせたのだ。もちろん、学術的関心ゆえのことではない。彼らにしてみれば、最新の戦争である第一次世界大戦は、「つぎの戦争」のために、教訓を汲《く》み尽くさなくてはならぬ歴史的事象だった。いわば、第一次世界大戦研究は、帝国軍人にとって「実学」だったのである。

しかし、この「実学」の営為は、無惨な結果に終わった。海軍は、航空戦の勝敗が海上支配を左右するようになった海戦の変化についていけなかった。また、海運を生命線とする日本にとっては、死活的な重要性を持つ海上護衛戦でも後手にまわった。陸軍も、航空優勢や火力の優越によって敵を圧倒する状況をつくることにしばしば失敗し、いたずらに兵の屍《しかばね》を異郷にさらすこととなった。かかる事態は、何故に生じたのだろう。

筆者のみるところ、その重大な要因の一つに「教訓戦史」がある。帝国軍人たちは、第一次世界大戦の研究を蓄積したけれども、その真実を直視しようとはしなかったのである。たとえば、第一次世界大戦の西部戦線では、陣地攻撃に先立ち、ときに一週間以上にもわたる準備砲撃が実行された。恐るべき物量戦であり、これに対応する策を真剣に考慮しなければならなかったはずだ。にもかかわらず、日本陸軍はそれをしなかった。あるいは、そうした物量戦を実行することは、国家総力戦の遂行にほかならず、日本の国力では不可能であると暗黙裏の一致に達していたのかもしれない。いずれにしても、陸海軍ともに「つぎの戦争」に必要とされることを追求するのではなく、自らにできる既定方針を補強する実例を戦史から探し、そこから、おのれの戦略・作戦・戦術を肯定する論理を導くというアプローチ、「教訓戦史」に終始したのである。この場合の「教訓」とは、日本軍が定めた戦闘原則に都合のいい手前勝手な戦訓にほかならなかった。再び例を挙げれば、日本海軍の第一次世界大戦への関心は、自らの戦略・作戦と合致する部分が大きい英独の艦隊戦闘に集中しており、通商破壊戦とそれに対する防御の研究は手薄だった。

かくて、日本陸海軍は、現実には適当でない「教訓」を抽出した上で、あの戦争にのぞんだのである。

帝国軍人と自衛隊

帝国海軍の後裔《こうえい》を自認し、また公言する海上自衛隊を除けば、自衛隊は旧軍とは断絶した存在であることを建前としている。陸上自衛隊は、日本再軍備の過程において、極力帝国陸軍的な性格を排した組織として形成されたし、航空自衛隊に至っては、大日本帝国がとうとう持つことのなかった新しい軍種（陸海空軍など、軍隊の種類区分）、独立空軍である。

しかしながら、全き無から有をつくりだすことはできない。陸海空三自衛隊ともに、冷戦下の要求ゆえに、何十年もかけて一から将校や下士官といった基幹要員を育成することは不可能で、すでに教育訓練済みの元帝国軍人を採用せざるを得なかった。陸上自衛隊（当時、警察予備隊）は最初、旧陸軍士官学校卒の職業将校を受け入れない方針であったが、必要を満たすために、陸軍の少壮幹部だった人々の入隊を認めた。一九五四年に創設された航空自衛隊の基幹要員は、旧陸軍航空隊関係者が主体となっていた（旧海軍航空隊出身者の多くは、太平洋戦争の航空消耗戦に斃《たお》れていたのである）。より技術性・専門性の高い海上自衛隊が、旧海軍の人材を継承したことはいうまでもない。こうした人的連続性が、自衛官、とりわけ幹部自衛官の心性に帝国軍人の影を落とさないはずはなかったであろう。

実際、旧陸海軍の顕著な特徴であった精神主義、というよりも精神偏重主義は、今日の自衛隊においても、ときに頭をもたげてくるように思われる。洩《も》れ聞くところによると、航空自衛隊が策定したドクトリン（作戦・戦闘における部隊の基本的運用を定めた教義）には、積極進取、献身、品位に満ちた「よき服従者」であれとする「航空自衛隊魂」を説いた一章があるという。合理的かつ醒《さ》めた認識を持つべき教範の紙幅が精神論に割かれているあたり、作戦要務令の一部に戦陣訓が組み込まれているがごとき据わりの悪さを感じるのは筆者だけではあるまい。

けれども、より深刻だと思われるのは、好都合な戦例を集めて、自らのドクトリンの正当性を根拠づける「教訓戦史」への回帰ではないか。現在、自衛隊は仮想敵に質量ともに圧倒されつつある。にもかかわらず、自衛隊の戦史研究が集中しているのは、戦略・作戦レベルの方策で不利な状況をくつがえした実例ではなく、たとえば硫黄島《いおうとう》における栗林忠道《くりばやしただみち》司令官の統率をはじめとする島嶼《とうしょ》防衛戦であるという。彼我の戦力、島嶼防衛・奪回というドクトリンに合わせた戦例研究であろう（加えて、「指揮」よりも「統率」に救いを求める傾向もみられると思うのは筆者のひが目か）。はたして、これで窮境に活を見いだすことができるのか、旧陸海軍の轍《てつ》を踏んではいないだろうかと懸念される今日このごろである。

多面的なアプローチを

以上、一般に流布されている「帝国軍人」の像が必ずしも実態にそぐわないものであることを中心に論じてきた。それらの多くは、戦後の社会的な風潮のなかでそうであったにちがいないと決めつけられてきた、あるいは、旧軍人自身がかくあるべしと伝えたかったイメージにほかならなかったのである。

では、こうした先入主を排して、帝国軍人の実態に迫るには、どのような注意、もしくは方法が必要なのだろうか。実のところ、これはなかなか一筋縄ではいかない難問である。いかなる時代の研究であれ、極力一次史料に依拠して、事実関係を再構築する必要があることは論を俟《ま》たないし、その際、慎重な史料批判を必要とすることはいうまでもない。一次史料に書いてあることとイコール事実ではないのだ。たとえば、ナチス・ドイツの公安機関は、膨大な量の民情報告を残している。この文書を読むと、ドイツ全土に反体制的な動きが蔓延しているかのようにさえ思われるが、むろん実情はちがう。ナチ公安機関といえども官僚組織であるから、さしたる大事なしと報告しているだけでは、ならば必要なかろうと予算や人員を削られてしまう。ゆえに、ささいな事件であろうと、逐一レポートしているということが、そうした文書の背景にあると思われる。

日本陸海軍の公文書、すなわち一次史料についても、同様のことが、しかも、より頻繁に当てはまる。呉《くれ》市海事歴史科学館（大和ミュージアム）館長の戸髙一成《とだかかずしげ》氏との対談『帝国軍人』（角川新書）でも多々指摘したことであるが、日本陸海軍は巨大な官僚組織である。従って、その文書も、組織防衛などの理由から、事実をゆがめて記載される、はなはだしきは改竄《かいざん》されている場合も少なくない。そこまでいかなくても、陸海軍という役所の用語法や事情を知らなければ、真意を理解できないような文書も普通である。

では、当事者となった帝国軍人たちの証言、回想はどうか。これもまた百パーセント信用できるものではない。戦後しばらくのあいだは、戦犯とされることの恐れや旧軍における人間関係への忖度《そんたく》などから、事実を語らぬ場合も多々ある。さらに、時を経て、昭和から平成になっての回想となると、自らを飾ろうとする意図からの、あるいは故意ではないにせよ、記憶ちがいによる歪曲《わいきょく》が忍び込んでくる。

　このように述べると、令和の世に、かくも貧弱な材料だけで帝国軍人の実態に迫るのは不可能ではないかと悲観される向きもあるかもしれない。たしかに、これさえやれば、真実にたどりつけるというような万能の処方箋《しょほうせん》は存在しないのであるが――残された文書を読み解き、当事者の回想や証言と照らし合わせ、帝国軍人の官僚としての行動様式からの考察を加えることはできる。あらゆる歴史事象同様、帝国軍人の実態に近づくには、地中に埋もれた化石の土砂を払い、古生物の骨格や生態をあきらかにしていく作業に似た、多面的なアプローチを愚直に積み重ねていくほかないのである。

（『讀賣新聞』二〇二〇年十月二十六日、十一月二、十六、三十日）

コロナ禍と昭和史

最初に編集部から求められたのは、戦略・作戦・戦術といった用兵思想の観点から、二〇二〇年以来の日本のコロナ対策を論じてほしいとのことでしたが、すみません、私はそういう見方はしないようにしています（苦笑）。というのは、コロナ対策は、戦術や作戦の上にある戦略のそのまた上、政治の問題だと思うからです。

一例を挙げれば、コロナ対策には、人命を守るのか、経済優先かという、ふたつの矛盾する命題があります。軍事的には多重目標の同時追求は禁物ですから、たとえ経済が潰滅《かいめつ》することになろうとウィルスを徹底的に抑え込むのか、あるいは死者が多数出ようとも観光や飲食産業を維持し、経済力を保つのかという二者択一になるはずです。当然のことながら、そんな選択はできないし、してはならない。政治が異なる利害を調整し、妥協しつつも、何をめざすのかを明確にして、より良い決定をみちびく必要があるのだと考えます。

しかし現実には、つぎつぎと起きる問題への場当たり的な対応に終始し、自治体や保健所などの現場は疲弊していきました。菅義偉《すがよしひで》首相（本稿執筆当時）は、「コロナに打ち勝つ」と繰り返していましたが、何をもってコロナに勝利するというのか、目標設定は曖昧《あいまい》なままだったのです。

こうした政治の無定見を見るにつけ、戦史を研究している私が想起するのは日中戦争です。もっとも、私は、何かあるとインパールやガダルカナルを引き合いに出す単純なアナロジーはいかがなものかとも思っています。それは、カタストロフィを示す記号にすぎませんからね。そうならないように注意して、なぜ日中戦争がコロナ対策を考える上で参考にすべき先例なのか、お話ししてみましょう。

一九三七年（昭和十二）七月の盧《ろ》溝橋《こうきょう》事件をきっかけに、日中両軍は戦闘状態となります。当初、日本側には全面戦争に突入する用意も思惑もありませんでした。陸軍中央においても、紛争が長期化すればソ連の介入を招く恐れがあると、反対する勢力が強かった。ところが、中国など恐れるに足りず、ここで叩《たた》いてやれば、すぐに手を上げるだろうから、この際、懸案の問題を戦争で解決すべしという戦争拡大派が大勢を占めていきます。しかし、そうした夜郎自大な楽観を裏切って、紛争が長期化・全面戦争化したときに中国をどのように屈服させるのか、あるいは交渉による妥結をはかるのか、彼らは真剣に考えなかったのです。

けれども、上海《しゃんはい》をはじめとする中国各地の要地を占領しても、首都南京《なんきん》を攻略しても、はたまた国民政府軍をつぎつぎと撃破しても、一向に中国は屈しない。それればかりか、各国の租界があった上海で戦闘を行ったことや中国各地への爆撃強行により、諸外国の強い反発を招きました。日本軍は作戦や戦術のレベルでは勝ち続けましたが、日中の局地戦を「国際化」(諸外国の対日介入を誘導し、日本を孤立させる)するという蔣介石《しょうかいせき》の戦略に追い詰められていきます。戦勝に酔う現地軍はさらに進撃を続けますが、占領した地域でゲリラ活動が激化、死傷者は日増しに増え、補給にも支障をきたすようになっていきます。

一方、戦争初期の和平による解決の試み、駐華ドイツ大使を通じた「トラウトマン工作」も失敗に終わります。戦争目標を明確に認識しなかった近衛文麿《このえふみまろ》首相は、「爾後《じご》国民政府ヲ対手《あいて》トセズ」との声明を出し、もう一つの戦争終結への選択肢を自ら閉ざしてしまったのです。

なぜ中国との戦争は泥沼化していったのか。それはこの戦争に目的がなかったからです。俊英揃いだったはずの参謀本部はおろか、陸軍も海軍も政府も、誰も考えていなかったのです。目的が明確でなければ戦争を終わらせることなどできません。それればかりか諸外国との関係は悪化し、やがて対米戦争という破局へと繋《つな》がっていきます。

この苦い先例は、コロナ禍に対して、避けるべき、あるいは避けるべきだったことを明確にする上で参照できるかと思います。ただし、留保付きで。

「歴史は繰り返すから勉強する意味がある」と「まったく同じことがもう一度起こることはないから、歴史を勉強しても無駄だ」は、いずれも間違いだというのは、歴史学の入り口で教わることです。この場合も、日中戦争拡大の過程を引いてきて、これと同じだと言い立ててみても、表層的な批判にしかなりません。

なぜ、当時の日本政府や統帥部は戦争目的を充分に検討・設定することができなかったのか。今日のわれわれは、そのころの日本にあった錯誤の要因を克服しているのだろうか。そうした問題意識のもとに日中戦争をみていくことは、同じ失敗を繰り返さないようにするためにも有意義なことかと思います。歴史「に」学ぶには、歴史「を」学ばなければなりません。

その意味で、日中戦争とコロナ禍。時代も状況も異なりますが、そこから、どういう状態になれば目的を達したことになるのか、政治がはっきりとしたヴィジョンを固めることが不可欠であるという示唆は得られるのではないでしょうか。


（『週刊文春』二〇二一年八月十二・十九日号）

熱なき光を当てる

――『指揮官たちの第二次大戦』（新潮選書、二〇二二年）を語る

――二〇一九年に上梓されてベストセラーになった『独ソ戦』（岩波新書）が、今回のロシアのウクライナ侵攻によって再び注目を浴びています。

大木　こんなことになるとは思ってもおらず、驚いています。『独ソ戦』は今、累計で十六万部を超えているのですが、これだけ多くの読者に読んでいただけたのは、平和憲法下の日本にあっても、戦争を「臭い物には蓋《ふた》」で済ませることができなくなってきた、そして、戦争とは何なのか、軍隊とはいかなる原理で動くものなのかという関心が高まってきたからではないかと思っています。

ていますが。

——この戦争と『独ソ戦』の内容との共通点を感じ取ったメディアからの取材も多いと聞い

大木　『独ソ戦』が、さらにリアルになって再現されたという感覚なのでしょう。同じ地域で、しかも独ソ戦では使われなかった生物化学兵器や核兵器まで使用されるのではないかと。独ソ戦は、途中からイデオロギーの戦争、世界観戦争という側面がどんどん強くなっていったのですが、現在のロシア軍も、通常兵力でウクライナを打ち負かすつもりが果たせず、「ウクライナはナチスだ」などと主張し始めたり、住民の強制移住に手を染めたりと、非常に独ソ戦の既視感がある。『独ソ戦』の刊行から数年を経て、刊行当時よりもその内容がよりアクチュアルに感じられる、ということでしょうか。

——大木さんご自身についてお伺いします。『独ソ戦』刊行以前のご経歴について、よく知らない読者も多いのではないかと。立教大学と大学院で、ドイツ現代史を学ばれたのですね。

大木　経歴としてはそうなのですが、大学院に進む前に、中央公論社（当時）の『歴史と人物』という雑誌で二年間、名物編集長だった故横山恵一《よこやまけいいち》さんの助手を務めていました。アドバイザーだった故半藤一利《はんどうかずとし》さんや秦郁彦《はたいくひこ》先生の薫陶を受けつつ、ただ一人のスタッフとして、編集者のイロハを叩き込まれましたね。

――その後、大学院を経て、ドイツのボン大学に留学された。

大木　この頃から文科省の大学「改革」がはじまり、どうも自分のお師匠さんたちのような優雅な研究者生活は無理だと分かってきた。スタートラインから人生設計を間違えたわけです（笑）。そこで千葉大を振り出しに、明治、法政、日大など十数校で非常勤講師を務めました。そのまま辛抱していれば、どこかのポストに収まっていたのかもしれませんが、これは憧《あこが》れていた生活とちがうなあと悩んでいた時に、アルバイトで雑文を書いていたこともあって、『歴史と人物』で縁があった中央公論社から「小説を書いてみないか」と声がかかりました。

――『魔大陸の鷹《たか》』シリーズの一巻ですね。これを手はじめに「赤城毅《あかぎつよし》」名義で、五十点を超える小説作品を発表された。

大木　当時は出版界が上向きで、全くの新人の初版を二万五千部刷りましたからね。第二作もまたよく売れたので、自由業のリスクを背負うとしても、ものを読んでは書く暮らしがかないそうだと判断しました。ただ、小説を書いている間もドイツを中心に軍事史関係の資料は読み続けていて、二〇一〇年ごろから短い文章を発表するようになった。それをまとめてもらったのが、二〇一六年の『ドイツ軍事史 その虚像と実像』（作品社）です。

――ここから本格的な軍事研究の著作活動が始まり、二〇一九年に『独ソ戦』と『「砂漠の狐」ロンメル　ヒトラーの将軍の栄光と悲惨』（角川新書）が刊行され、現在に至るわけですね。それでは、本書『指揮官たちの第二次大戦　素顔の将帥列伝』について伺います。大木さんの著作は、これまでドイツ陸軍や日本陸海軍をテーマにされたものがほとんどでしたが、本作では第二次大戦で活躍した六カ国十二人の軍人を、幅広く取り上げておられます。その意図とは何でしょうか。

大木　私はジャーナリストとしては日本、研究者としてはドイツがフィールドだったのですが、一方で、たとえば同時代のアメリカや諸外国はどうだったのかも考えてみたい、そういう志向が若い頃から強かったんです。大学院生の時には、成城大学の田嶋信雄《たじまのぶお》教授や、今は東大大学院教授の加《か》藤陽子《とうようこ》さんたちと「第二次大戦史研究会」をやったりしていましたからね。しかし、ドイツや日本以外のことを本格的にやろうとすれば、これは無理があります。ただ、正面から分析するのではなく、ピンポイントで、ヒューマン・インタレストに基づいた取り上げ方なら、専門ではないフィールドの軍人についても、可能なのではないかと考えた。第一章で書いた南雲忠一《なぐもちゅういち》で言うと、戦死する前に、サイパンで女学生とテニスに興じていて、ビールを飲みながら「こういうのが一番幸せなんだ」と呟《つぶや》く。このエピソードに出会った時に、これは面白い、別の側面からの南雲像を描くことができそうだと感じました。口はばったい言い方にはなりますが、歴史学よりも、文学に近いアプローチだと思います。

——知られざるエピソードを掘り起こして、人物の素顔に迫るという手法は、南雲以外の章でも貫かれていますね。

大木　分析の対象として意味があるかというよりも、どこかに面白いところがあるか、何かを象徴する人物かどうかということが、この十二人を選ぶ際の基準でしたからね。

——歴史的に著名な軍人だけでなく、トム・フィリップス（イギリス海軍）やウィリアム・スリム（イギリス陸軍）など、一般的に有名とは言えない軍人。また、経済担当だったゲオルク・トーマスや軍医のエルンスト・ローデンヴァルト（いずれもドイツ陸軍）のように、軍事以外の分野で活躍した軍人も紹介されています。シャルル・ド＝ゴール（フランス陸軍）も、軍人として扱われることは少ないですよね。

大木　やっぱり、ちょっと斜めから照らしてみようと思ったんです。ド＝ゴールなどは、日本語でもたくさん伝記が出ていて、今さら自由フランスの指導者としてとか、戦後のアルジエリア独立の際にどう対処したかとか、政治家としての業績を書いてもしかたがない。けれども、軍人としては、いくら先見の明をもって戦車の運用を進言しても受け入れられず、最後の最後に「行け、ド＝ゴール！」なんて言われて負け戦に投入されるのですから、不遇といえなくもない。そういうところが、むしろ面白いのではないかと。

——ド＝ゴールが軍人だと知ってはいても、機甲師団を率いて、そんな目に遭っていたとは知りませんでした。

大木　それから、日本では知られていなくても、非常にシンボリックだと感じた人を選んだりしています。たとえばトーマスですね。ドイツのような資源のない国が本気で総力戦を実行して、正攻法で勝とうと思うと、とてつもなく非人道的なことをやらざるを得ない。しかも、それをやっても勝てないとなると、指導者であるヒトラーが駄目だから排除しろと、反ヒトラー運動に行く。

——彼は戦後、連合軍にも「オポチュニスト」と酷評されますが、生真面目さを貫いたとも思えますし、生きた時代が違えば大きな業績を残したかもしれない。読みながら、そうした「あり得たかもしれない可能性」に思いを馳《は》せられるのも、この作品の面白さです。それから、特に日本で名将と評されている軍人、たとえばデーニッツなどは、今も潜水艦乗りの崇敬の的になっているわけですが、そうした人物に対しても、従来の評価を変えなければならないような素顔に迫っておられます。

大木　私もロンメルや山本五十六（『「太平洋の巨鷲」山本五十六　用兵思想からみた真価』角川新書）については、正面から軍人としての評価を行っています。ただ、繰り返しになりますが、今回は人間としての面白みに重きを置きました。山口多聞《やまぐちたもん》などは、書き尽くされた感がありますし、最初は取り上げる気はありませんでした。ところが、夫人の手記をみると、真珠湾《しんじゅわん》攻撃などの第一段作戦から帰ってきた山口の髪を刈ろうとしたら、これまでにはなかった白髪がどっと増えているというのです。これで書けると思いました。

——雑誌連載された十章に加えられた書き下ろしの新章には、ソ連陸軍のジューコフと、先に挙げたイギリス陸軍のスリムが登場します。独ソ戦で活躍したジューコフはともかく、スリムを知る読者はそう多くはないでしょう。

大木　スリムは、イギリスではモントゴメリーと並ぶ第二次大戦の有名指揮官なのですけどね。たしかに、日本ではインパール作戦に関する文献が多数あるわりには、スリムがクローズアップされていることはあまりないですね。

――日本では、作戦の失敗は指揮官・牟田口廉也《むたぐちれんや》の無能ぶりによるものと理解されています。しかし、敵の英印軍の存在、とりわけ指揮官というファクターが語られることはほとんどありません。

大木　牟田口については、近々新しい伝記が出るようですし、ここでは評価を控えておきましょう。しかし、片や日本軍では、作戦遂行中の司令官が、夜な夜な芸者を挙げて宴会をしていた。一方で英印軍では、貴族ではない叩き上げのスリムが、前線の兵隊に「おお、がんばっとるな」と声を掛けて回っていたんです。指揮官がこれでは、勝敗は明らかですよね。

――水上源蔵《みずかみげんぞう》を取り上げた章では、兵隊を思いやる水上と、その水上に個人宛ての死守命令を出す参謀の辻政信の、軍人としてのありようの違いが、強烈な印象を残します。

大木　辻政信がどういう人物で何をしたかということは、ある世代までは誰でも知っていたわけです。ところが、最近では、妙に持ち上げるような風潮があります。だから、軍人として、という留保を付けた範囲内でも、きわめて問題のあることを、ちゃんと書いておきたかったんです。

――この章は他と比べて、ちょっと長い。しかもより記述の文学性が高いというか、大木さんの思いが溢《あふ》れているように感じられます。

大木 それは文中に、丸山豊《まるやまゆたか》さん（『月白の道　戦争散文集』中公文庫）や野呂邦暢《のろくにのぶ》さん（「死守！　知られざる戦場」『月刊文藝春秋』）を引用してるからじゃないですか（笑）。

――かくのごとく、強い個性を持ち、一筋縄ではいかない軍人たちを描かれる際に、特に気を配られた点は何でしょうか。

大木 当然のことながら、私にも好き嫌いがあります。素直に面白い人物だと好感をもって書いたものもあれば、人物はいけ好かないがシンボリックな意味で面白いと感じて書いたものもあります。ただ、これは本作に限りませんが、執筆に当たる際に拳々服膺《けんけんふくよう》している、秦郁彦先生の言葉がありまして……。「歴史家の仕事とは、熱なき光を当てることだ」というものです。対象に光を当てて、克明に見ていくわけですが、その光に、イデオロギーであるとか、好き嫌いであるといった熱が含まれていると、たとえて言えば裸電球で照らしているようなもので、対象はその熱で変質してしまうかもしれない。だから、「熱なき光」を当てることが肝心だと。自分にも当然、熱はありますから、それを取り除いて臨まなければいけない。

——今回の作品でも、そのことが貫かれている。

大木　もちろんです。同様に禁欲的な姿勢で臨んだ、山本五十六の小伝のあとがきに、人間的に非常に魅力があると書いた。ところがネットなどで、「大木は五十六びいきだから甘いんだ」などと書き込む人がいましてね（苦笑）。歴史的個性に対するというのは、そういうことではありません。

——十二人の評伝の後に、新たに終章として「現代の指揮官要件——第二次大戦将帥論」を書き下ろしていただきました。

大木　今回はいわば搦《から》め手からのアプローチでしたので、最後に正攻法の補足を付けておこうと考えました。今、第二次大戦の軍人を評価するには、いかなる基準で、どのように進めるのかを確認しておくべきかなと。

——十二人のエピソードを思い出しながら、最後に総括するといったイメージですね。終章はコンパクトながら、大木さんの軍人評価のポイントが的確に示されています。それを読めば済む話ですが、あえて伺うならば、様々なレベルの指揮官に、共通して必要な資質とは何だと思われますか。

大木　どのポジションの軍人でも必要とされるのは、やはり「禁欲」でしょうね。得られるものに見合わない兵の犠牲を出しても、勝ちたいという欲、上官に価値ある報告をしたいがために無駄な攻撃をかけるという欲。名誉欲とか達成欲といったことなんでしょうが、これらを克服することが一番大切なのだと思います。

――今回の十二人のほかに、描いてみたい軍人はまだ残っているのでしょうか。

大木　ガダルカナルで日本軍を打ち負かした、アメリカ海兵隊のヴァンデグリフトは書いてみたいですね。それから、東條英機のライバルだった日本陸軍の酒井《さかい》鎬次《こうじ》も興味深い。

――続編『指揮官と参謀たちの太平洋戦争』も、見えてきますね。楽しみにしております。

（『波』二〇二二年六月号）

「理性派」士官の研究と回想
——大井篤『統帥乱れて　北部仏印進駐事件の回想』解説

冒頭から私事にわたることを述べるが、あながち無関係のことでもないので、ご寛恕《かんじょ》願いたい。筆者は、本書の著者大井篤《おおいあつし》さんと何度もお会いし、お話をうかがう機会を得たことがある。昭和の末に、主として太平洋戦争や陸海軍の歴史を扱う専門誌『歴史と人物』（中央公論社）の編集助手を務めていたころのことだ。

大井さんは、ダンディズムという言葉がぴたりと当てはまる風貌《ふうぼう》のひとであった。長身痩軀《そうく》、手足がすらりと長く、ソフト帽にスーツ、ステッキがよく似合い、和製フレッド・アステア（往年のミュージカルの大スター）の趣がある。

しかし、そうした洒脱《しゃだつ》で柔和な雰囲気から、和を以て貴しとなすような性格なのだろうかとみると、けっしてそうではない。大井さんは、筋が通らぬと思えば、上長先輩であろうと議論をいとわなかった。筆者は、その激しさ（といってよいだろう）の一端をかいまみたことがある。

『歴史と人物』の企画として、元の海軍士官（海軍兵学校六三期）で、戦後は海上自衛隊に入り、トップの海上幕僚長にまで昇りつめた内田《うちだ》一臣《かずとみ》さんと対談していただいたときのことだ。もとより大井さんは、敗北必至の戦争を選んだ戦前日本のあり方を批判してやまなかった。その大井さんに、内田さんは、石油を禁輸されれば戦争するしかなかったと口をすべらせてしまったのである。気色ばむというのか、大井さんはけわしい表情になり、対談終了後に「君、このあと時間はあるか。ちょっとつきあいたまえ」と内田さんを引っ張っていった。さぞかし絞られたことだろう。

このエピソードからもわかる通り、大井さんは、日本人ばなれした論理性の持ち主であった。周知のごとく、大井さんは戦前の政府や陸海軍首脳部の誤断を論難しつづけたのだが、筆者のみるところ、その動機は、戦後のわれわれが考えるような反戦平和というよりも、むしろ、こんな理屈の立たない戦争、必然的な敗北へと突き進んでいった不条理への怒りだったように思われる。

かかる姿勢は、大井さんが戦後発表した著作『海上護衛戦』（初版は日本出版協同より一九五三年に刊行。のち、加筆訂正を加えた複数の版が出され、現在では角川文庫に収録されている）や本書『統帥乱れて　北部仏印進駐事件の回想』（初版は毎日新聞社より一九八四年に刊行）、また多数の雑誌記事にも一貫している。

ここで、本題の『統帥乱れて』の解説に移る前に、大井さんの経歴を確認しておこう。なお、以後は歴史上の人物に言及する際の定法として、敬称略とする。

大井篤は一九〇二年に山形県鶴岡《つるおか》市に生まれ、鶴岡中学（旧制）を経て、一九二〇年に海軍兵学校に入学した（五一期）。折からのワシントン海軍軍縮条約締結（一九二二年）による人員削減を反映し、当時の海軍兵学校では、教官が生徒に対し、退《や》めたいものはそれでもかまわぬとささやくようなこともあったが、成績優秀だった大井は、お前は別だと言われたという挿話が伝わっている。事実、二百五十名中九番の成績で兵学校を卒業した（一九二三年）大井はエリートコースを驀進《ばくしん》する。

一九三六年に上級幹部養成課程である海軍大学校を卒業後は、第三艦隊参謀、軍令部参謀、人事局第一課局員、海上護衛参謀など要職を歴任し、終戦時は海軍大佐まで進級していた。戦後は、米占領軍のGHQ歴史課に勤務、太平洋戦争史の調査に従事したのち、著述に専念、一九九四年に九十二歳で世を去った。主要著作としては、前掲のほかに、アメリカ留学時代の回想『大井篤海軍大尉アメリカ留学記　保科さんと私』（角川書店、二〇一四年）。

こうした大井の経歴のなかに、第二遣支艦隊参謀に補せられていた時期がある（一九三九～四〇年）。このとき大井は、太平洋戦争への道の一里程となった北部仏印（仏領インドシナ）進駐に際会していたのであった。

一九四〇年、ナチス・ドイツがフランスを降《くだ》したのを機に、日本は後者の植民地だった仏印に軍を進めることを策した。日中戦争の交戦相手である蔣介石政権への英米等の援助ルートを遮断し、いわゆる「南進」のための基地を確保することが目的である。松岡洋右外相は、フランス降伏後に成立したヴィシー政権の駐日大使アルセーヌ・アンリと交渉を開始した。その結果、同年八月に松岡・アンリ協定が成立し、日本軍の仏印領内通過や飛行場使用などが認められる。

ところが、仏印総督ジャン・ドクーや現地軍司令官モーリス＝ピエール・マルタンらは、日本軍進駐の引き延ばしをはかった。これに対して、日本の仏印監視団長西原一策《にしはらいっさく》少将らはマルタンと交渉を行い、九月に平和進駐に関する協定を成立させたが、しびれを切らした現地の日本陸軍第五師団の一部は独断越境し、武力を用いての北部仏印進駐を実行してしまった。

かくて、北部仏印進駐は、日本陸軍の平和進駐派ならびに紛争拡大を恐れる日本海軍と陸軍武断派の対立を露呈する結果となった。とくに海軍は、武力進駐は命令に反すると憤り、北部仏印に上陸せんとする一部陸軍部隊の護衛を解くという前代未聞の措置を取った。また、北部仏印進駐は日本の南進準備であると認識したアメリカは対日屑鉄《くずてつ》禁輸を決定、イギリスもビルマ（現ミャンマー）経由の援蔣《えんしょう》ルートを開くことになったのである。

まさしく、西原が「統帥乱れて信を中外に失う」と嘆いたごとく（本書のタイトルは、この言葉に由来する）、日本の国際的信用を大幅に低下させた事件ではあった。『統帥乱れて』は、かかる醜態をさらした北部仏印進駐について、大井篤がさまざまな史資料を検討し、その経緯をまとめた一種の研究書といえ、資料性は非常に高い。だが、より注目すべきは、彼が当時つけていた詳細な日記などにもとづいた回想録としての性格もあることだろう。

それゆえ、本書を一読すれば、ある意味無味乾燥な事実の流れのみならず、若き大井篤が、陸海軍の愚行を疑問に思い、怒り、激論を交わすさまをヴィヴィッドにみることができる。その際、とくに注目すべきは、大井の眼に映った陸軍参謀たちの言動であろう。

「現在関東軍の匪賊《ひぞく》討伐方法はたしかに上手とはいえない。匪賊化してしまってから追いかけまわすから、手こずるのだ。だから移住していく日本人に静脈に空気を注射する方法を習わせ、現地に行ったら、そこに住んでいる支那《しな》人をつかまえて静脈に空気を注射して殺してしまうんだヨ。金もかからないし、人目にもつかないから世界世論も騒がない……」（本書二八頁以下)。

「田舎侍(たしかにこういった)はそのように大命を解釈する〔中央からの命令は、平和進駐に努力すべしとの意味だとする大井の解釈〕かもしれないが、統帥命令で〝武力を行使することを得〟という場合は〝武力を行使せよ〟という意味なんだ。この大命の起案者はこの私なんだから、その点間違いない」(本書二三二頁、〔 〕内は筆者の補註)といったたぐいの陸軍将校たちの発言は、当時作戦畑にいたエリート参謀の心性を余すところなく伝えているといっても過言ではなかろう。その意味で本書は、著者が海軍士官であるゆえのバイアスには留意しなければならないとしても、文書には残りにくい陸軍参謀の生態を物語る貴重な史料になっているのである。

加えて、本書には、単行本未収録だった聞き書き「日本海軍　和平への道程」を収録した。先年物故した作家・ジャーナリストの半藤一利を聞き手として、大井篤が語ったものだ。

大井は一九四三年に軍令部戦争指導班に転任になっており、大戦後半の戦略的な苦境や和平への努力等を中央でつぶさにみる立場にあった。したがって、この談話も貴重なものとなっており、なかには、敗戦直後に厚木《あつぎ》航空隊の反乱を説得に行ったエピソードなども含まれている。大井は、同航空隊司令小薗安名《こぞのやすな》大佐と兵学校同期で親しく、いわば貧乏くじを引かされたのである。こうした興味深い挿話も含め、要職にいた者ならではの貴重な証言といえよう。

なお、本文庫版は、毎日新聞社版を底本としているが、大井蔵書のなかに遺されていた同書には、著者自身による修正書き込みがあったため、それらにもとづき、訂正をほどこしている。「日本海軍　和平への道程」のテキストは、初出の『歴史と人物増刊　太平洋戦争――開戦秘話』（中央公論社、一九八三年）に依拠した。

（中公文庫、二〇二一年七月）

苦闘の物語——武田龍夫『嵐の中の北欧　抵抗か中立か服従か』解説

近隣の国々が戦争を開始したならば、局外中立を保ち、自国に累が及ばぬように努力する。安全保障環境が激変した際、真っ先に考えられる選択肢であり、おそらくは多くの場合にもっとも適切な外交政策であることは、あらためて確認するまでもなかろう。

しかし、その方針を貫徹するのは必ずしもたやすいことではない。当該の国が戦争遂行上不可欠の物資を産出する、あるいは、戦略的に重要な交通の要点であり、しかも敢《あ》えて軍事力の行使を辞さぬ交戦国に隣接しているとあればなおのことである。

第二次世界大戦において、北欧四国はかかる難問に直面し、それぞれに苛《か》酷《こく》な運命をたどった。

ノルウェーは、北海《ほっかい》の制海権を握り、また鉄鉱石をはじめとする北欧の戦略物資輸送ルートを確保するために重要な地位にあったことから、一九四〇年にドイツに侵略された。ノルウェーは征服され、国民は、あらたに樹立された傀儡《かいらい》政権とドイツ占領軍の桎梏《しっこく》のもと、塗炭の苦しみを嘗《な》めることになった。

デンマークも、同じく一九四〇年にノルウェー侵攻のいわば「通路」として、ドイツに占領された。国民は当初ドイツの支配を受け入れていたものの、その暴政をみて、しだいに抵抗に転じる。

この両国、ノルウェーとデンマークの対独レジスタンスの苦闘は、第二次世界大戦史の血塗られた一ページとなったのである。

フィンランドは、一九三九年末に、レニングラード（現サンクトペテルブルク）の安全を守るためと称したソ連の侵略を受け（「冬戦争」と呼ばれる）、苦戦の末、翌一九四〇年に一部の領土を割譲し、講和するに至った。けれども、一九四一年には、ドイツと呼応し、ソ連との戦争に踏み切る（「継続戦争」と称される）。しかし、ドイツの退勢とともに、フィンランドも苦境におちいり、一九四四年に、さらなる領土の割譲や賠償金支払いを受諾して、ソ連と和平を結ぶ。

スウェーデンは唯一中立を守ったが、ドイツやソ連、イギリスの圧力のもと、ときには主権を危うくするような屈辱的な譲歩を強いられ、ときには戦況に合わせた日和見主義的外交も展開せざるを得なかった。

北欧諸国は、おのが世界戦略のままにエゴイスティックな戦争を展開する大国のはざまにあって、生存を確保するため、必死の努力を余儀なくされたのだ。

こうした、北欧諸国民の第二次世界大戦の物語を描いたのが、本書『嵐の中の北欧　抵抗か中立か服従か』である（初版は『戦う北欧　抗戦か・中立か・抵抗か・服従か』のタイトルで一九八一年に高木書房より刊行。一九八五年の中公文庫収録に際し、現在の書名に改題）。

著者の武田《たけだ》龍夫《たつお》は、一九二八年に北海道室蘭《むろらん》市に生まれた。中央大学法学部を卒業したのち、外務省に入り、スウェーデンやデンマークの日本大使館勤務、外務省北欧担当官、イスタンブール総領事などを歴任した。さらに、宮内庁式部官や東海大学教授なども務めている。二〇〇七年没。

著者は、このような経歴による体験や知見を生かして、多数の著作を上梓した。その対象は、『物語　北欧の歴史　モデル国家の生成』（中公新書、一九九三年）をはじめとする北欧事情・北欧史、『新宮中物語　皇居のなかで思う』（サイマル出版会、一九八六年。一九九七年に『宮中物語――元式部官の回想』と改題のうえ、中公文庫に収録）などの宮中関連、『外交官日記』（サイマル出版会、一九八三年。一九九六年、中公文庫に収録）など、多岐にわたる。

本書『嵐の中の北欧』は、そのなかでも高く評価された一冊であった。著者は、すでに述べたような第二次世界大戦において北欧諸国民がたどった運命を、いきいきとした筆致で活写し（補論として、一九四〇年にソ連に併合されたリトアニア、ラトビア、エストニアのバルト三国にも一章が割かれている）、洛陽《らくよう》の紙価を高からしめたのである。

加えて、初版が発行された一九八一年の時点では、北欧諸国をあつかった文献はまだまだ少なく、本書は貴重な情報源であった。当時、筆者は本格的に第二次世界大戦史の勉強をはじめていたが、珍しい北欧の戦史・外交史ということで、むさぼるように読んだことを覚えている。

しかしながら、いかに先駆的で優れた文献であろうと、刊行からおよそ四十年を経て、なお読まれるべき価値はあるのだろうか。その後の研究の進展により、内容が時代遅れになっていないか？

幸いなことに、そして、ある意味では不幸なことに、それにはノーと答えるしかない。著者が、北欧の史実を題材として提示した、大国の侵略に、いかに対応すべきなのかという設問は（初版の「抗戦か・中立か・抵抗か・服従か」とのサブタイトルを想起されたい）、今なお古くて新しいテーマでありつづけている。むしろ、よりアクチュアルな問題になっているといえよう。

周知のごとく、冷戦終結は恒久平和をもたらしはしなかった。逆に、超大国の統制がなくなったがゆえに、東西対立のなか、まがりなりにも抑えられていた地域紛争が火を噴く事態が現実になったのである。そうした現象の最たるものの一つが、ロシアによるウクライナ侵略であることはいうまでもない。

日本をめぐる戦略環境も例外ではない。周辺の大国が軍事力による現状変更を試みるというようなことも、しだいに蓋然性《がいぜんせい》を増しつつある。たとえ日本が直接侵略を受けなかったとしても、もし仮に台湾が攻撃されたとき、どうするのか。兵器供給を含む支援に踏み切るか、厳正中立を守るか……。

かかる、あり得る明日とそのときの対応を考える上で、著者が示してくれた北欧の昨日を検討することは、けっして無駄ではない。さらに、フィンランドとスウェーデンのＮＡＴＯ加盟のような視程の短い問題を論じる際にも、それがいかなる歴史的記憶にもとづいているのか、本書をひもといて確認しておくのは有益な作業であろう。

著者の叙述に屋上屋を架すことにもなりかねないから、そうした重要な記述をいちいち指摘することは控えるが、たとえば、グリーンランドをめぐるカウフマン公使の勇気ある行動、中立を守るためのスウェーデンの忍従などは、まさに学ぶべき歴史といえる。

かくのごとく、四十余年の時を経ても、本書の叙述や主張は色褪《いろあ》せていない。文庫新版の発行によって、新しい読者が味読されることを期待するゆえんである。

最後に、本書の補足として、また、北欧現代史に関心を持った読者のために、その後の研究を反映した推奨文献を以下に挙げておく（すでに触れたものは除く）。

石野《いしの》裕子《ゆうこ》『物語 フィンランドの歴史　北欧先進国「バルト海の乙女」の800年』、中公新書、二〇一七年。

百瀬《ももせ》宏《ひろし》／熊野《くまの》聰《さとる》／村井《むらい》誠人《まこと》編『北欧史 デンマーク・ノルウェー・スウェーデン・フィンランド・アイスランド』、上下巻、山川出版社、二〇二二年。

（中公文庫、二〇二三年九月）

「普通の」ひとの反戦・反ナチ抵抗

――ヘルムート・オルトナー『ヒトラー爆殺未遂事件1939「イデオロギーなき」暗殺者ゲオルク・エルザー』（須藤正美訳、白水社、二〇二二年）書評

ゲオルク・エルザーといわれて、ああ、あの……とうなずく日本人はそう多くはあるまい。事実、この一九〇三年生まれの家具職人は、生まれ育ったドイツにおいても、一九三九年十一月八日までは無名の一市民にすぎなかった。だが、エルザーは、その日を境に、凶悪犯として知られるようになった。彼は、演説を行うヒトラーを暗殺すべく、会場に爆弾を仕掛けていたのである。

エルザーはなぜ、そうした命がけの一挙に出たのだろうか。総統爆殺未遂事件直後に国外に逃れようとしたところを逮捕されてから、その死、さらには戦後に至るまで、彼の動機についてては、さまざまな推測がなされてきた。共産主義か、ユダヤ人、あるいは外国の諜報《ちようほう》機

関が黒幕だった。いや、ヒトラーが予定よりも早く会場を去り、爆死をまぬがれたのは、ナチ親衛隊がしくんだことで、その目的は、総統は天意に守られている、だからこそ、からくも難を逃れるという奇跡が生じたのだ、というプロパガンダを行うことにあった。エルザーはそのために利用されたあやつり人形だったのだ……。

しかし、エルザーはいかに拷問を受けようと、自分ひとりの犯行だと主張しつづけ、一九四五年にダハウ強制収容所で死刑に処せられた。

このような経緯から、彼は戦後になっても動機なき不可解な反ヒトラー主義者として、無視に近い扱いを受けてきたが、反ナチ抵抗運動の研究が進むにつれ、エルザーはきわめて素朴な反戦主義者であり、ゆえに、戦争を開始し、拡大しようとするヒトラーを除こうとしたのだということがわかってきた。その結果、二十一世紀に入ってから、エルザーは、イデオロギーや階級的なものではない純粋な反ナチ抵抗の象徴になり、顕彰されるようになる。

本書は、ナチズムの過去について多数の著作があるノンフィクション作家が、爆殺未遂事件とエルザーの生涯を丹念に再構成し、彼の評価の歴史を追った作品だ。「普通の」ひとの反戦・反ナチ抵抗を知る上で一読の価値があるだろう。

（『週刊現代』二〇二二年十二月二十四日号）

キーポイントにいた提督

——野村直邦『潜艦U—511号の運命　秘録・日独伊協同作戦』解説

第二次世界大戦で日独伊が締結した三国同盟は、戦争の現実に直面するや、その実体がなきにひとしいことを露呈した。日本とドイツは「世界強国《ヴェルトマハト》」の地位を獲得するため、互いを利用することに汲々《きゆうきゆう》としたけれども、戦争目的についての本質的な合意には至らず、したがって、政戦略上の目標統一やそれに関する譲歩もなされなかった。グローバルな戦略の協議・策定、リソースの相互提供、数度にわたる首脳陣の頂上会談までも実現させた米英ソの連合とは対照的である。

当該時期の日独伊関係について先駆的な研究を発表したアメリカの歴史家ジョハンナ・M・メスキルが、その著書の副題に「空虚なる同盟」と付したのもゆえなきことではなかったのだ（Johanna Menzel Meskill, *Hitler and Japan: The Hollow Alliance*, New York, 1966)。

しかしながら、政戦略的に同盟の実を挙げられなかったことは、日独両国が作戦・戦術次元、あるいは軍事テクノロジーの交換などにおいて、まったく協力しなかったことを意味するわけではない。

一九四一（昭和十六）年十二月八日の日米開戦を受けて、ドイツは同月十一日に対米宣戦布告を行うとともに、日本ならびにイタリアとの単独不講和条約（締約国の同意なしに連合国すべて、もしくはその一国と単独講和に踏み切ることはしないと約した）に調印した。翌一九四二（昭和十七）年一月十八日には日独伊三国軍事協定が結ばれ、軍事・経済上の協力が義務づけられる。この協定のもと、最新技術の相互提供、インド洋での協同通商破壊作戦、長距離航空機や潜水艦による日独伊の連絡の試みなど、さまざまな軍事行動が展開されたわけであるが、こうした枢軸側の協力を討議・調整するため、日独伊混合専門委員会が置かれた。その混合専門委員会の日本海軍首席委員として、ドイツ国防軍最高司令部統帥幕僚部長アルフレート・ヨードル上級大将やドイツ海軍作戦部長クルト・フリッケ大将らと渡り合ったのが（いずれも最終階級、以下同様）、本書の著者野村直邦《のむらなおくに》である。

もっとも、野村が活躍したのは、日独関係の舞台ばかりではない。一九四三（昭和十八）年にドイツ潜水艦U―511（のち日本海軍に譲渡され、「呂《ろ》号第五百潜水艦」と命名される）

で帰国した野村は、東條英機内閣最末期に海軍大臣に就任し、その瓦解《がかい》のさまをつぶさに見たり、その後は日本海運の防衛に責任を負う海上護衛司令長官に補せられるなど、さまざまに重要な局面に居合わせている。つまり、連合艦隊司令長官山本五十六大将や同小沢治三郎《おざわじさぶろう》中将、軍令部総長永野修身《ながのおさみ》大将（元帥）といった海軍軍人に比べれば、知名度は落ちるかもしれないが、彼らに負けず劣らずの枢要な地位にあった人物といえよう。

いわば、野村は太平洋戦争のキーポイントにいた提督なのである。

その回想はおのずから興味をそそるものでもあり、歴史資料としても然《しか》るべき価値を有するものであるが、本書に収録されたそれらの文章の読みどころを解説する前に、野村の生涯について概観しておこう。

野村直邦は、一八八五（明治十八）年に鹿児島の農家の二男坊に生まれた。鹿児島一中（旧制）を経て、一九〇七（明治四十）年海軍兵学校を卒業して（三五期）、翌年少尉に任官した。専門は水雷である。一九一八（大正七）年には高級指揮官の養成機関である海軍大学校に入学、一九二〇（大正九）年に卒業して、出世の地歩を固めた。以後はエリートコースを順調に歩み、駐独海軍武官、巡洋艦「羽黒《はぐろ》」艦長、航空母艦「加賀《かが》」艦長、第二潜水戦隊司令官、連合艦隊参謀長などの要職を歴任、一九三八（昭和十三）年には中将に進級している。この階級で一九四〇（昭和十五）年にドイツに赴任した。任務は日本海軍の技術視察団団長と、三国同盟にもとづく独伊との戦時共同行動の検討であった。それが日独伊の対米開戦を受けて、先に触れた日独混合専門委員会帝国委員に補せられたわけだ。

一九四三年にドイツから日本に向かう潜水艦U―511に便乗して帰朝した野村は、呉鎮守府司令長官を経て、一九四四（昭和十九）年には大将に進級、東條内閣末期に数日だけだが、海軍大臣に就任した。以後、横須賀《よこすか》鎮守府司令長官、海上護衛司令長官などを務め、敗戦を迎えた。長命に恵まれ、一九七三（昭和四十八）年没。享年八十八であった。

本書には、野村がその長い戦後の折々に触れて書き記した文章のうち、歴史史料として重要と思われるものが収録されている。なかでも、『潜艦U―511号の運命　秘録・日独伊協同作戦』（単行本初版は一九五六年に読売新聞社より刊行）は、その記述の詳細さから、おそらくは野村の日記やメモ、戦後も手元に残していた当時の文書などをもとにしているものと思われ、資料的価値は非常に高い。また、総統アドルフ・ヒトラーをはじめとする歴史的個性とじかに接した経験の記述は、専門家ならずとも、おおいに興味深いものがあろう。

また、『潜艦U―511号の運命』をより深く理解するための補助線として、当時の日本海軍が享受していたドイツ側の尊敬について指摘しておきたい。これらは、たとえば、日本海軍の元士官たちによる議論の記録（戸高一成編『[証言録]海軍反省会』、全十一巻、PHP研究所、二〇〇九～一八年）や、かつてドイツに駐在していた海軍士官たちの手記などにしばしば述べられていることだが、ドイツ海軍は、先進海軍としての日本海軍に敬意を抱いており、いわば一目置いて「師事」するかのごとき姿勢を取っていたのであった。それによって、ドイツ海軍との協同はスムーズに進められたというのが、おおかたのドイツ駐在経験のある日本海軍士官の感想である。そのような雰囲気は、『潜艦U—511号の運命』のそこかしこにもみられるだろう。

やや話題がそれるけれども、こうした旧ドイツ海軍の日本海軍への親愛感と交流は戦後も続いていたようで、筆者の手元にある「海軍伯林会《べるりん》」（ドイツ勤務を経験した旧日本海軍関係者の戦友会）の文書には、第二次世界大戦後半のドイツ海軍総司令官にして、ヒトラーの後継者として戦争末期に総統になったカール・デーニッツ元帥の手紙が含まれている。

ちなみに、この『潜艦U—511号の運命』の背景となっている歴史に関する適当な研究書としては、古典的なベルント・マルティンの『第二次世界大戦における日本とドイツ　一九四〇～四五年　真珠湾攻撃からドイツ降伏まで』(Bernd Martin, *Deutschland und Japan im Zweiten Weltkrieg 1940-1945. Vom Angriff auf Pearl Harbor bis zur deutschen Kapitulation*, Göttingen, 1969. 未訳）ならびに、工藤章《くどうあきら》／田嶋信雄編『日独関係史　一八九〇—一九四五　II　枢軸形成の多元的力学』（東京大学出版会、二〇〇八年）を挙げておく。

続く「東條内閣崩壊の真相」は、『サンデー毎日』一九五〇年九月三日号に野村が寄せた手記である。すでに述べたごとく、野村は、東條内閣末期に、海軍の内外から信頼を失った嶋田《しまだ》繁太郎《しげたろう》大将の後を襲い、海軍大臣に就任している。ただし、これはサイパン失陥による東條内閣倒壊から小磯国昭《こいそくにあき》内閣成立までの政変によって「三日天下」に終わり、すぐに米内《よない》光政《みつまさ》大将に大臣の座を譲ることになった。そうした内側の視座から観察を加えた、生々しい記録といえる。

最後の『自叙・八十八年の回顧』は、野村の最晩年、一九七三年に私家版として刊行された自伝である。必ずしも、驚くべき事実、死を目前にして告白するというようなことが書かれているわけではないものの、人となりがつかみにくい（ただし、部下を掣肘《せいちゅう》したりはしない、自由放任の日本型指揮官だったらしく、しばしば「薩摩《さつま》の西郷《さいごう》さん」にたとえられている）野村直邦の伝記的な事実を確認するには不可欠の史料であろう。

なお、本書に収録した以外の野村直邦の著作・談話には、つぎのようなものがある。

『大戦の教訓に思う世論改憲の是非』（私家版か？　一九六五年）。

『世界大戦の教訓と憲法』（「世界大戦の教訓と憲法」普及後援会、一九六六年）。

『第二次大戦に学ぶもの』（「第二次大戦に学ぶもの」出版普及後援会、一九六七年）。

右三点は、政治論、時事評論。

「元海軍大将　野村直邦」（財団法人水交会編『帝国海軍　提督達の遺稿　小柳資料』、上巻、財団法人水交会、二〇一〇年）。

水交会嘱託小柳富治《こやなぎとみじ》中将による海軍軍人インタビューの一編。

（中公文庫、二〇二三年二月）

※追記。本稿で挙げたベルント・マルティンの著書は、二〇二三年にミネルヴァ書房より邦訳が刊行されるとの由である。

参謀・ジャーナリスト・歴史家　加登川幸太郎の真骨頂
——加登川幸太郎『増補改訂　帝国陸軍機甲部隊』解説

加登《かと》川《がわ》幸太《こうた》郎《ろう》は必ずしも一般によく知られた存在とはいえない。昭和も遠ざかり、太平洋戦争の記憶もうつろいがちな令和の時代ともなればなおさらであろう。だが、軍事史・日本陸軍史に関心のある読者であれば、どこかでその名に出会っているはずだ。加登川は、戦前・戦中においては陸軍参謀であり、戦後は黎明《れいめい》期のテレビ放送に関わり、とくに歴史・戦争を題材にしたドキュメンタリーの制作に力を振るったジャーナリスト、そして、日本軍事史に関する研究書を多数上梓した歴史家であるからだ。以下、本書『帝国陸軍機甲部隊』の解説に入る前に、その生涯を概観しておこう。

加登川幸太郎は明治四十二（一九〇九）年七月七日、屯田兵の家の長男として、北海道に生を受けた。旭川《あさひかわ》中学（旧制）を経て陸軍士官学校に入学（四二期）、昭和五（一九三〇）年七月に卒業し、同年十月に少尉に任官している。その後も順調にエリートコースを進み、昭和十（一九三五）年には高級指揮官養成機関、将来の将軍への登竜門である陸軍大学校に入学した。昭和十三年に同校を卒業した加登川は、戦車学校教官を務めたのち（この配置が戦後の本書執筆に至る機甲部隊との縁の端緒となったといえる）、北支那方面軍参謀、陸軍省軍務局課員（軍事課資材班、同予算班などに勤務した）、第二方面軍参謀、第三五軍参謀、第三八軍参謀を歴任した。自身体験した戦場は、中国、ニューギニア、レイテ、インドシナ等であり、歴戦のつわものであることがわかる。敗戦時には、少佐で第一三軍参謀であった。

なお、加登川の軍歴に特徴的なポイントとして、もっぱら参謀として軍歴を積んでいることを指摘しておきたい。それも、戦略・作戦などの用兵、簡単にいえば軍隊を使うことに関わる「軍令」よりも、組織・装備、軍隊をいかにつくるかという軍事行政、すなわち「軍政」畑に多く携わっていることに注目すべきであろう。加登川は戦後民間企業に転じて、そこでも成功するが、その背景には、おのずからマネジメントの能力を要求される軍政の知識と経験がものを言っているものと思われる。

やや私事にわたるけれども、筆者は二十代のころ、昭和史・太平洋戦争史に力を入れていた雑誌『歴史と人物』の編集助手を務めていたことがあり、その関係で何度か、加登川と面談する機会を得た。まことに人をそらさぬ話上手な好々爺《こうこうや》という印象で、同じ元陸軍でも、参謀本部の作戦部・作戦課に勤務していたというような、いわゆる作戦系統の将校とはおよそタイプがちがっていたと記憶している。

閑話休題《それはさておき》、昭和二十一（一九四六）年に復員した加登川は、ＧＨＱこと進駐軍総司令部に置かれ、太平洋戦争史の研究・作成に当たっていた歴史課に勤務した。その後、日本テレビに入社し、昭和二十七（一九五二）年から四十二（一九六七）年まで編成局長に補せられている。

この編成局長時代に加登川が手がけた番組としては、昭和戦前期を題材としたドキュメンタリー・シリーズ『日本の年輪　風雪二十年』が知られている。しかし、彼が直面した、もっとも大きな問題といえば、やはり『ベトナム海兵大隊戦記』をめぐるあつれきであったろう。この件、加登川の人となりを考える上で大きなヒントになると思われるので、簡単に述べておく。

『ベトナム海兵大隊戦記』は、当時、米軍直接介入を受けて激化していたベトナム戦争の実態を報じるべく、長期の現地取材をもとに制作されたルポルタージュである。この番組は三部構成の予定で、昭和四十（一九六五）年に第一部が放映された。ところが、それに対して、橋本登美三郎《はしもととみさぶろう》内閣官房長官が残酷なシーンをテレビで流すのはよろしくないと、日本テレビ社長の清水與七郎《しみずよしちろう》に直接電話をかけ、クレームをつけてきたのである。その結果、第二部と第三部の放映は中止となった。報道の自由に対する政治の介入であるとして、おおいに問題とされた事件だ。

興味深いことに、抗議を受けた加登川編成局長は、残酷な場面（槍玉《やりだま》に挙げられたのは、南ベトナム軍の将校が、敵解放戦線の少年兵の首を切り落とし、提げて歩くシーンだった）があるというけれども、戦争とはそういうもので、それをありのままに放映することには何の問題もないとの反応を示したという。

もっとも、加登川はその一方で政府の真の意図を読んでおり、おそらく番組が反米的だと受け止められたものと思われるが、そうは言えないので、残酷だという方向から抗議してきたのだろうと、本事件に関連した取材で述べている。

いずれにしても、政治やイデオロギーよりもファクトを重視する加登川の姿勢をかいまみることができる挿話といえよう。

昭和四十二年、編成局長をしりぞき、日本テレビを退職した加登川は、戦史・軍事史の研究に打ち込んだ。六十歳を過ぎて、あらたにロシア語の学習をはじめたとのエピソードも伝えられており、その意欲がうかがわれる。そうして刊行された著作は、あくまで事実にもとづき、日本陸軍が犯した失敗や愚行をも敢えて直視せんとする気魄《きはく》にみちみちており、それゆえに今日なお資料的価値を失っていないといえる。

この、いわば歴史家の時代に、加登川はやはり、おのが戦争観を明示するような行動に出ている。

昭和五十八（一九八三）年から六十年にかけて、旧陸軍将校・将校相当官の親睦《しんぼく》団体である偕行社《かいこうしゃ》は、南京戦史の調査・作成を行った。当初の目的は、中国や国内の左派が主張していた、日本軍は昭和十二（一九三七）年の南京攻略に際して二十万ないし三十万の住民・捕虜を不法に殺害したとする、いわゆる「大虐殺」論に反駁《はんばく》するためであった。さりながら、偕行社が証言や関係文書を集めていく過程で、日本軍の蛮行を示す証拠がつぎつぎと明るみに出たのである。かかる事態を受けて、加登川は、偕行社の機関誌（『偕行』）に連載されていた当該記事「証言による『南京戦史』」の最終回で、多数の不法行為があったことは弁明の言葉がない、中国人民にわびるほかないとの趣旨の文章を発表したのだった。

筆者も、この事件をリアルタイムで見聞していて、元陸軍将校たちの長老格で、彼らから絶大な信頼を受けていた加登川さんが、なんとも思い切った一挙に出たものだと驚いたことであった。事実、複数の元陸軍軍人から、日本軍の名誉を傷つけるとは何ごとかと非難する声が出たことも覚えている。それでも――加登川は、おのが勢威を失うことを覚悟で、事実を優先したのであった。はなはだ勇気の要ることであると、当時も現在も思っている。

もっとも、こうした加登川の言動を、たとえば旧陸軍のエリートでありながら、戦後は反戦平和を叫んだ遠藤三郎《えんどうさぶろう》中将のような左への「転向」と捉《とら》えるならば、おそらくは、ことの本質を見誤ることになろう。戦後、日本海軍の愚行を舌鋒《ぜっぽう》鋭く批判した大井篤大佐などと同様、加登川もまた、その持ち前の知性から、全面的敗北という破局をもたらした陸軍の過ちを語らずにはいられなかったし、日本陸軍という「党派」よりも事実に重きを置かずにはいられなかった。そう解釈するほうが適切であると思われる。

加登川幸太郎は長寿を全《まっと》うし、平成九（一九九七）年に没した。


本書『帝国陸軍機甲部隊』は、かような加登川による旺盛《おうせい》な研究活動の成果の一つである。初版は昭和四十九年に白金書房より刊行され、ついで昭和五十六年には増補改訂版が原書房より出版された。今回それが、後者を底本として、ちくま文庫に収められることになったわけである。

周知のごとく、日本陸軍機甲部隊は、先見性の乏しさにより、常に敵国に対して後手にまわり、前線の将兵が自らの生命によって、そのつけを払うことになったという悲劇的な歴史を有している。本書の通奏低音は、ついに決定的なイノヴェーションをなしとげられなかった陸軍指導部の知的怠慢への憤りであるといえる。

そもそも日本陸軍は、第一次世界大戦で出現した新兵器戦車をいかに使うかについて、はっきりしたヴィジョンを持たなかった。歩兵を直接支援するのか、騎兵と協同して軽快な偵察・捜索活動を行うものなのか。一応は前者の歩兵直協が主任務となり、国産初の「八九式中戦車」も、その線で開発されたが、昭和六（一九三一）年に満洲事変が勃発するまで、機甲部隊の発展は停滞していた。陸軍省や参謀本部は、大陸政策や対ソ戦略に意を注ぐばかりだったし、伝統ある騎兵科の将校たちは依然として乗馬戦闘に固執し、戦車は自分たちの兵科の利害に反するものと考えた。この時期の遅れは、日本機甲部隊にとって致命的なものとなる。

それでも、満洲事変以降には戦車の価値が認識され、戦車連隊の編成もはじまった。昭和九（一九三四）年には、戦車と、車輛牽引《しやりようけんいん》、あるいは機械化された歩兵や砲兵、工兵を組み合わせた最初の機甲部隊「独立混成第一旅団」が誕生する。

しかし、戦車をめぐる議論は混迷を深めていくばかりだった。歩兵科は直接協同を求め、戦車関係者と騎兵科は機甲部隊を兵科として独立させるべきだという点では一致しても、前者は突撃部隊であることを重視し、後者は機動性が優先であるべきだとする。こうした対立のなか、独立混成第一旅団もあだ花と終わった。昭和十二（一九三七）年に開始された日中戦争に投入された同旅団は内蒙古方面に投入されたものの、歩兵支援用に開発され、低速の八九式中戦車を主体としていたがゆえに、充分な機動力を発揮できず、役立たずであったとして解隊されてしまったのだ。

だが、昭和十四（一九三九）年のノモンハン戦争の敗北、そして同年にヨーロッパではじまった戦争におけるドイツ装甲部隊の活躍は、日本陸軍に衝撃を与えた。これらの事象は、いずれも日本機甲部隊が世界水準に比べて、はなはだ立ち後れており、戦車の性能も見劣りするものであることを暴露したのである。

日本陸軍はようやく機甲部隊の強化拡大に踏み切った。昭和十六（一九四一）年には、戦車兵と騎兵の両兵科をまとめて「機甲兵」とし、機甲本部も創設される。翌昭和十七年には機甲軍や戦車師団の編成も実現したが、時すでに遅かった。日本機甲部隊は、その本領たる集中使用をなされることもなく、あるいは中国、あるいは南方の島々、あるいは満洲に分散投入され、空しく潰滅していく――。

本書は、こうした理解のもと、日本機甲部隊の興亡を論述していく。その詳細は、実際に本文をお読みいただきたいが、かかる史観のもと、詳細に史料を検討し、当事者たちにも取材した本書は、類書がほとんどないこともあり、ながらくスタンダードの地位を維持してきた。とはいえ、初版刊行からおよそ半世紀、仄聞《そくぶん》するところによれば、加登川の時代には発見されていなかった史料を駆使した、あらたな日本機甲部隊史が、ある研究者により学位論文として提出され、刊行を待っているという。

あるいは、本書も、そのような新しい研究に乗り越えられていくのかもしれない。また、欧米機甲部隊の発展に関する本書の記述には、さすがに古くなった部分が少なくないのも事実だ。

にもかかわらず、日本機甲部隊を研究する者が本書を無視できるようになる日は来ないものと思われる。縷々《るる》述べてきた加登川のファクトを土台にした戦争・軍隊観と、そこからみちびかれた視座は、今日、そして予見し得るかぎりの将来においてなお有効なものでありつづけるであろう——それゆえ、である。

最後に、さらなる読書の指針として、本書以外の加登川幸太郎の著作を列挙しておく。

『三八式歩兵銃 日本陸軍の七十五年』、白金書房、一九七五年。同タイトルで、ちくま学芸文庫に収録（二〇二一年）。

『戦車 理論と兵器』、圭文社、一九七七年。『戦車の歴史　理論と兵器』として角川ソフィア文庫に収録（二〇二二年）。

『中国と日本陸軍』、上下巻、圭文社、一九七八年。

『名将 児玉源太郎』、日本工業新聞社、一九八二年。

『児玉源太郎にみる 大胆な人の使い方・仕え方 動かされながら人を動かす知恵』、日新報道、一九八五年。

『ドイツ装甲師団』、ソノラマ文庫 新戦史シリーズ（朝日ソノラマ）、一九九〇年。

『続ドイツ装甲師団』、ソノラマ文庫 新戦史シリーズ（朝日ソノラマ）、一九九一年。

『陸軍の反省』、上下巻、文京出版、一九九六年。


（ちくま学芸文庫、二〇二三年三月）

第四章　歴史修正主義への反証

ゆがんだロンメル像に抗する

拙著『「砂漠の狐」ロンメル　ヒトラーの将軍の栄光と悲惨』（角川新書）を上梓《じょうし》することができ、やるべきことのごく一部なりと果たせたかと、ほっとしているところである。もとより、本書は、第二次世界大戦で輝かしい働きをみせながらも、ヒトラー暗殺計画に関与したかどで服毒自殺を強いられたエルヴィン・ロンメル元帥の小伝であり、その生涯をたどることを第一義としている。しかしながら、こうした伝記を書くことを思い立った動機は他にもある。

近年、ためにする「歴史書」が汎濫《はんらん》していることは、今さら述べるまでもない。多くは、あらかじめ決まった結論、それも、ほとんどは政治的な党派性に沿った結論に向けて、恣意《しい》的《てき》に史実を抜き出して立論するものだ。当然のことながら、歴史学の論証手順を無視したもので、いわゆる「トンデモ本」のたぐいである。もっとも、さすがに自国史である日本史の分野では、かかる流れに対し、謬見《びゅうけん》を指摘、誤りを訂正して、右のような書物の悪影響を食い止めようとする動きがみられる。日本中世史専攻で、広く読まれた『応仁《おうにん》の乱』(中公新書)の著者である呉座《ござ》勇一《ゆういち》などは、その代表であろう。

ところが、外国史、なかんずく戦史・軍事史の理解となると、事態はより深刻である。ここでは、ドイツ軍事史を例として論じることにするが、敢《あ》えていうなら、一九七〇年代から八〇年代のレベルにとどまった言説が、大手を振って、まかり通っているのだ。

それは、ある程度、日本の特殊事情がなせるわざだった。まず、アカデミズムでは軍事を扱わないという慣習がある。この不文律は、太平洋戦争に敗北したがための戦争・軍隊嫌悪から来たものと思われがちだが、必ずしもそうではないようだ。アカデミシャンのあいだには、戦争や軍事は本職の軍人が研究するものだという暗黙の了解があり、大学に国防学研究所(立命館大学)が設置されたのも、戦争中の一時期にすぎなかったのである。

このような「伝統」は戦後も長く続いたものの、平成に入ってからは「新しい軍事史」や「広義の軍事史」を唱える研究者たちが続々と現れ、多くの成果を挙げている。とはいえ、こうした研究は、主として軍隊と社会の関わりに注目するもので、社会史や日常史の研究の延長線上にあるものだった。ゆえに、作戦・戦闘史、用兵思想といった「古い軍事史」、「狭義の軍事史」には手がつかぬままというのが、実情であった。

一時期まで、かような溝を埋めていたのは、本格的な語学教育を受けていた旧軍将校、あるいは、そうした人材で、戦後自衛隊に入った人々だった。彼らは、ドイツ軍事史の研究動向紹介において、顕著な活躍を示した。戦後、ドイツの将軍たちが広めた「参謀本部無謬論」やヒトラーへの敗戦責任の押しつけといった議論を輸入したという問題点はあったにせよ、理解の水準という点では、欧米のそれに比べても、さして遜色《そんしょく》はなかったのである。

しかし、ドイツ語と軍事を知悉《ちしつ》した元将校や古い世代の研究者が世を去るにつれて、欧米のドイツ軍事史研究が翻訳されたり、紹介されることも少なくなっていった。この空白を埋めたのは、軍事や歴史学について専門訓練を受けたわけではないけれども、戦史・軍事史に強い関心を抱いているライターだった。好きこそものの上手なれで、彼らの記事や著作のなかには、高いレベルの記述がないわけではない。だが、研究史を押さえるという点への配慮は乏しく、最新の成果と、とうの昔に否定された議論が同居するようなものが少なくなかった。

拙著のテーマであるロンメル将軍についていえば、そうした事情がとりわけ悪影響をおよぼしていた。ここ四十年ばかりのあいだに欧米で刊行された、おびただしいロンメル研究のほとんどが紹介されず（アメリカの軍事史家デニス・ショウォルターの『パットン対ロンメル』が翻訳されるという例外があったとはいえ）、日本でのロンメル理解は一九七〇年代の水準で停滞していたのだ。とりわけ問題だったのは、いまやネオナチのイデオローグとなったイギリスのデイヴィッド・アーヴィングによるロンメル伝『狐の足跡』が翻訳され（原書は一九七七年出版、邦訳は一九八四年刊行）、一見、大部で詳細にみえることからか、日本限定であるけれども、スタンダードの位置を占めたことであろう。

実のところ、拙著でも検討した通り、今日では『狐の足跡』には、恣意的引用や歪曲《わいきょく》があり、とうてい歴史書として依拠できるものではないということがあきらかになっている。ところが、日本のロンメルに関するミリタリー雑誌の記事や通俗的な読み物では、なお『狐の足跡』に依拠した記述が少なくない。

たとえば、ある日本のライターの著作では、ロンメルの未亡人ルチー＝マリアと息子のマンフレートが『狐の足跡』に異論を唱えたり、抗議していない以上、そこで引用されている記述は信頼できるとされている。強弁であり、事実の歪曲でもある。まず、ルチー＝マリアは一九七一年に死去しているのだから、一九七七年に出版された『狐の足跡』をチェックすることは不可能だったのである。そもそも、アーヴィング自身、同書のなかで「ロンメル夫人とは生前、二回会って話をしたことがある」と記し、『狐の足跡』刊行以前に彼女が死去したことを示しているのだ。マンフレートもまた、西ドイツ（当時）の週刊誌『デア・シュピーゲル』一九七八年八月二十八日号（ネット上で閲覧できる）で、ロンメルはヒトラー暗殺計画を知らなかったとしたアーヴィングの主張に異議を唱えている。このライターは、ドイツ語も理解するし、現代の研究にはネットの活用が不可欠だと称しているので、こうした不都合な事実を知らなかった、調べられなかったとする言い訳は通用しまい。

いずれにせよ、この『狐の足跡』に多くを頼ったロンメル伝は、アーヴィングによる事実の歪曲を、そのまま日本に広めることになった。『狐の足跡』の「嘘」を逐一指摘した研究書が、当時すでにドイツで出版されていたのだが、それらを参照した形跡はない。何故、そこまでして、アーヴィングを擁護しなければならなかったのか、不可解なことではあるけれども、あるいは、一種の「歴史修正主義」に与《くみ》するがゆえのことだったのかもしれない。

むろん、これは極端な例ではあろう。しかし、アカデミシャンが「狭義の軍事史」に手を出さないがために、サブカルチャーでのみ扱われ、結果として、ロンメル、ひいてはドイツ軍事史に関するゆがんだ理解が広められているという傾向を象徴していると思われる。

拙著『「砂漠の狐」ロンメル』を執筆した理由のなかには、かかる潮流に一石を投じたいということがあった。もっとも、本書に着手する以前は、この種の毎月のように発表される言説に対処するのは、賽《さい》の河原の石積みといった趣があり、しょせんは徒労ではないかという「敗北主義」に傾いていたことは否めない。しかし、前出の呉座勇一などが、筆者よりずっと年若であるにもかかわらず、偽史に対して獅子奮迅《ししふんじん》されているのをみて、背中を押されたしだいだ。ロンメルやドイツ軍事史といった、限られた分野であるとはいえ、拙著が、よ り正確な歴史の理解にいくばくなりと貢献することができるのなら、筆者としては、何より の喜びである。

（『プレジデント・オンライン』二〇一九年三月二十八日掲載）

歴史家が立ち止まるところ

「小説は歴史の奴隷ではないが、歴史もまた小説の玩具ではない」。

二〇一五年に逝去した直木賞作家船戸《ふなど》与一《よいち》が書き遺した言葉だ（以下、敬称略）。至言であろう。しかし、最近の文壇・論壇（そういうものがまだ在るのか、はなはだ疑問ではあるにせよ）の動向をみると、せっかくの船戸の忠告も顧みられなくなっているようだ。

小説家百田尚樹《ひゃくたなおき》は、ウィキペディアや通俗書を切り貼りしたものを「日本通史の決定版」と称したと批判されている。また同じく小説家の井沢元彦《いざわもとひこ》は、史料や先行研究を無視した主張を「日本通史学」であるとし、それにもとづいた本を多数刊行している。「歴史を小説の玩具」とするどころか、もはや小説であることさえも放棄した作物が、学問的な検証手順を経ぬまま「歴史書」として出版されているのである。しかも、東大教授の本郷和人《ほんごうかずと》のような、プロ（であるはずの）研究者までも、「歴史学には『ホラ』も必要」、「実証主義は馬鹿な研究者の最後の拠《よ》り所」と放言し、百田や井沢に与している。研究者としては、自己否定にひとしい発言だと評するほかない。

これらの小説家とも研究者ともつかない人々の言説がマスコミによって流布され、少なからぬ読者に「事実」と認識されている現状は、相当危険だと思われるが、こちらは本職の歴史家である呉座勇一が、彼らに批判を加え、専門家の矜恃《きょうじ》をみせたのは記憶に新しい（「俗流歴史本と対峙する」『中央公論』二〇一九年六月号）。「国史」研究者の面目躍如といえよう。

ところが、ひるがえって外国史となると、百田や井沢の著作ほど顕在化してはいなくとも、興味本位、あるいは、ある政治的傾向を持った読者に迎合した「歴史書」が、批判を受けることなく流通している例が少なくない。

筆者が専門としている近現代ヨーロッパの戦史・軍事史については、事情はより深刻である。一九八〇年代以降、外国の史資料の翻訳出版、もしくは紹介が減少したために、読者が充分な情報に接することができなくなったのをいいことに、学問的には否定されて久しいような挿話や主張を織り込み、たとえばロンメルやマンシュタインのような将軍たちを、いたずらに「名将」として持ち上げる。いわゆるミリタリー本や雑誌には、そのような記述が氾濫しているのだ。

こうした状況に一石を投じたいというのが、拙著『「砂漠の狐」ロンメル　ヒトラーの将軍の栄光と悲惨』（角川新書）を執筆した動機であった。

歴史家が立ち止まるところで小説家は跳躍するというのが、筆者の持論である。歴史家は自説を組み立て、検証し、史実を確定していく。しかし、研究テーマとなる事象が生起してから今日に至るまで、すべての史料や証言が百パーセント残っているわけではないから、どうしても詰められないところが出てくる。歴史家は立ち止まり、これ以上は断言できないと述べるしかない。だが、小説家は、その場所から跳躍をはじめる。歴史学的に確認された史実を踏まえ、想像力をめぐらせて、そこから先を書きすすめる。このとき、小説家が拠り所とし、また執筆の目的とするのは、深い人間理解であろう。なるほど、「小説は歴史の奴隷ではない」。

とはいえ、このように書いてしまうと、百田や井沢が彼らの「史観」をもとにやっていることと、どこが異なるのかと疑問を持たれるかもしれない。しかし、小説家の仕事と彼らの「俗流歴史書」には、決定的な違いがある。歴史学、というよりも学問一般において、自らの仮説を立証するためには、それを支持する材料を集めるだけでは充分ではない。仮説に矛盾する、もしくは、それを否定する事実はないか、膨大な史資料をあらためていくという、一種のネガティヴ・チェックが必要なのである。自説に都合の悪い史料や先行研究を無視した主張は、思いつき、思い込みのたぐいでしかない。たとえるなら、跳躍しようにも、そのための筋力を欠いているのである。

拙著『「砂漠の狐」ロンメル』も、可能なかぎり史資料にあたり、ネガティヴ・チェックを試みて、どこまでが定説で、どこからが不明なままになっているのかを確定しようと心がけた。その結果、当然のことながら、立ち止まらざるを得なかったところがある。ここでは、一例だけ挙げてみよう。

一九三七年、ロンメルは、第一次世界大戦の体験をもとにした著作『歩兵は攻撃する』を上梓した。これは、当時としては大ベストセラーとなり、一九四五年までに四十万部を売り切ったとされる。もちろん、ロンメルには巨額の印税が入ったわけだが、彼は節税のために一計を案じた。『歩兵は攻撃する』の版元に対し、毎年一万五千マルクのみを支払い、残りは銀行の別口座に預金し、利子を稼ぐように指示したのだ。加えて、ロンメルが税金の申告に際して、印税所得としたのは、右のような処置をほどこした一万五千マルクだけだった。

のちにネオナチのイデオローグとなったイギリスの著述家ディヴィッド・アーヴィングは、一九七七年に刊行したロンメル伝『狐の足跡』で、この挿話を初めて世に知らしめた。この『狐の足跡』は、当時定着していたロンメルにまつわる英雄譚《えいゆうたん》を粉砕し、センセーショナルな偶像破壊を行うことによって読者を獲得することを狙ったものだった。従って、ロンメルが小市民的な節税対策に励んでいたことは、「砂漠の狐」の実像が卑小なものだったことを強調するのに格好のエピソードだったのであろう。もっとも、そのアーヴィングですら、「狐のごとき狡猾《こうかつ》さ」（the foxy cunning）とするだけで、違法であるとまではしていない。ところが、日本の俗流歴史書のなかには、アーヴィングの指摘を根拠なしに拡大して、「所得隠しの脱税」と決めつけているものもある。

だが、ロンメルの行為は本当に「脱税」だったのだろうか。拙著執筆中、筆者はおおいに疑問を覚えた。一つには、アドルフ・ヒトラーが『わが闘争』の印税に関して、同様の処置を取っていたことを記憶していたからだ。もう一つ、この挿話の典拠は、一九七六年にシュトゥットガルト市の税務当局が、ロンメルの遺族に寄贈した税務ファイルであった。つまり、税務署は、ロンメルのやったことを掌握していたにもかかわらず、追徴などの措置を取らなかったことになる。また、もし脱税だと判断されたならば、おそらくロンメルは失職していたはずだ。そのような犯罪に手を染めた者は、ドイツ国防軍の将校として不適格だと判断されるからである。

よって、ロンメルの措置は節税対策の範囲にとどまっており、脱税にはならないというのが、筆者の推測であった。そこで、人を介して、ヴァイマール時代からナチ期の法律を専門としている方に尋ねてみたところ、ロンメルの印税は、所得が発生した年度の課税対象となるが、そうした節税方法がなかったとは断言できないというお答えが返ってきた。白黒つかず、の結果である。筆者としては、拙著のテーマである軍人ロンメルの評価に直接かかわる問題でもないから、判断を留保して書かないことにすると決めざるを得なかった。「脱税」していたと書けば、面白い話にはなるだろうが、それは歴史を「小説の玩具」にするやりようにすぎまい。

けばけばしい原色の描写は、ときに読者を眩惑《げんわく》する。一方、味気ない、索漠たる事実は幻滅を感じさせるだけになる恐れもある。しかし、歴史の興趣は、醒《さ》めた史料批判にもとづく事実、「つまらなさ」の向こう側にしかないのである。たとえ読者の不満を招こうとも、わからないことはわからないといわざるを得ない。

拙著『「砂漠の狐」ロンメル』は、そうした姿勢で書いた。評価していただけるかどうか、不安ではあったが、幸い、読者にはご理解いただけたようで、版を重ねており、まことに心強いかぎりだ。今の筆者は、これからも「実証主義」にのっとって、英雄でも愚物でもない等身大の存在として歴史的個性を描いていけと、背中を押されたような気持ちを抱いているのである。

（『現代ビジネス』二〇一九年五月二十九日掲載）

「趣味の歴史修正主義」を憂う

日本における第二次世界大戦理解の大きなゆがみ

拙著『独ソ戦　絶滅戦争の惨禍』（岩波新書）を上梓してから、およそ三か月になる。幸い、ドイツ史やロシア・ソ連史の専門家、また一般の読書人からも、独ソ戦について知ろうとするとき、まずひもとくべき書であるという過分の評価をいただき、非常に嬉《うれ》しく思っている。それこそ、まさに『独ソ戦』執筆の目的とし、努力したところだからだ。

残念ながら、日本では、ヨーロッパにおける第二次世界大戦の展開について、三十年、場合によっては半世紀近く前の認識がまかり通ってきた。アカデミズムが軍事や戦史を扱わず、学問的なアプローチによる研究が進まなかったこと、また、この間の翻訳出版をめぐる状況の悪化から、しかるべき外国文献の邦訳刊行が困難となったことなどが、こうしたタイムラグにつながったと考えられる。もし拙著が、そのような現状に一石を投じることができたのなら、喜ばしいかぎりである。

しかし、右のような事情から、日本には、ヨーロッパの第二次世界大戦への理解について、大きなゆがみが存在する。拙著が、この問題の解決にどの程度資したかというと、いささか心もとない。いったい、どういうことなのか、まずは筆者の体験から記したい。

元ナチとネオナチが形成した第二次大戦像

筆者が、欧米の第二次世界大戦史理解と日本のそれとの溝を埋めようと試みたのは、『独ソ戦』が初めてのことではない。十年ほど前から、各種の雑誌で新しい知見を紹介し、単行本にまとめて出版する、あるいは、重要な文献を訳出する作業を繰り返してきた。そのあいだに、いわゆる戦史・軍事史マニア、サバイバルゲームや軍装マニアの愛好家と接する機会を得るようになった。そのうち、複数の人物から聞かされ、あぜんとした話がある。彼らの趣味の世界では、古参に属する世代、年齢的には五十代後半以上の人々から、新しい第二次世界大戦像など受け入れる必要はない、自分たちの理解に従っていればよいと強要されるというのだ。

そのような古参のいう「自分たちの理解」とは、おおむねデイヴィッド・アーヴィングやパウル・カレルの著作によって形成されたものである。アーヴィングに関しては、映画『否定と肯定』で、日本でもその実態がよく知られたことと思う。ホロコースト否定論者にして、ネオナチのイデオローグである著述家だ。しかし、ヒトラーはユダヤ人絶滅を命じていないと主張した『ヒトラーの戦争』や、ロンメル将軍を総統に忠実な軍人で、七月二十日の暗殺計画も知らなかったものとして描き出した『狐の足跡』が一九八〇年代に翻訳出版されたためか、日本では、いまだにアーヴィングを「歴史家」とみなす向きが少なくない。

パウル・カレルは、一九五〇年代末から六〇年代にかけて、『砂漠のキツネ』や『バルバロッサ作戦』など、百万部単位の売り上げを誇るベストセラーをものした戦記作家である。それらは日本においても翻訳刊行され、かつてはヨーロッパの第二次世界大戦に関するスタンダードとされていた。筆者も十代のころには、夢中になって読んだものであった。が、長じて欧米の専門戦史書に接し、比較するようになると、あきらかに史実の歪曲であると思われる部分が眼につくようになった。それもそのはず、彼の正体は、ナチ時代に若きエリートとして外務省報道局長を務め、親衛隊員でもあったパウル・シュミットだった。パウル・カレルとは、戦前戦中の経歴を隠して文筆活動を行うためのペンネームであった。

当然、その記述は、ナチス・ドイツ弁護論ともいうべき政治的な意図にもとづき、史実を歪曲、あるいは隠蔽《いんぺい》するものだったのだ。これらの事実が、ドイツの歴史家ヴィクベルト・ベンツが二〇〇五年に出版した研究書（Wigbert Benz, *Paul Carell, Ribbentrops Pressechef Paul Karl Schmidt vor und nach 1945*, Berlin, 2005）で暴露されると、カレルの権威は地に墜《お》ちた。

二〇一〇年には、ドイツ連邦国防軍の陸軍兵士向け教材にカレルの著書の一部が使われていたことが発覚し、連邦議会で軍当局が追及されるという事件も生じている。二〇一九年現在、初刊以来、版をあらためては市場に供給されつづけてきたカレルの著作は、ドイツではすべて絶版とされている。

歴史修正主義を強要する古参マニア

こうした背景をみれば、アーヴィングやカレルが提示したヨーロッパの第二次世界大戦像のゆがみも、はっきりするであろう。アーヴィングは、史料の恣意的引用や歪曲により、ホロコースト否定論というデマゴギーを編みあげた。カレルは、対ソ戦はスターリンが企図していたドイツ侵攻に先手を打っただけのことであり、しかも、それは全ヨーロッパが参加した反共十字軍であるとみなしている。加えて、ドイツの戦争犯罪やナチ犯罪をいっさいネグレクトしていることも見逃せない。ドイツのジャーナリスト、オットー・ケーラーの言を引くなら、カレルは、独ソ戦を「英雄的なドイツ人はいても、ドイツ人による大量虐殺はない」戦争としたのである。また、今日の一次史料によるリサーチと比較対照すると、人名や部隊番号といった単純な事実関係にも間違いが少なくないことを指摘しておこう。

　にもかかわらず——軍装やナチのコスプレといった趣味の界隈《かいわい》では、カレルやアーヴィングの第二次世界大戦観を奉じ、それ以外の理解を拒否する古参マニアが存在する。彼らは何故、そんな姿勢をくずさないのだろう。筆者が聞きおよんだかぎりでは、どうも、より若い層に脅威を感じているというのが、その理由であるらしい。外国文献を入手することさえ困難だった旧世代とは対照的に、ネット時代以降の新世代は、ウェブを通じてドイツ軍の一次史料に接し、なかにはドイツ語の習得に励む者もいる。そうした若いマニアに知識で追い抜かれた旧世代は、趣味の世界における自らの権威を守るために、カレルやアーヴィングの主張にしがみついているということのようだ。極端な例だと、それらの書物以外は間違いだから読むなと言い放った者もあるとか。

　もっとも、このような執着も、ある程度はしかたのないことかもしれない。還暦を眼の前にした者、もしくは、それ以上の年齢に達した者が、知識を更新することができず、かつて得た認識に拘泥することをまぬがれるのは、よほど柔軟な頭脳の持ち主でなければ難しかろう。それは、歴史にかぎったことではないはずである。加えて、彼ら旧世代が、カレルやアーヴィングがつくりだしたイメージを、劇画やゲームといったサブカルチャーを通じて植え付けられていることも影響しているものと思われる。作戦・戦術に優れた「清潔な」ドイツ軍は、野蛮で未熟なソ連軍に勇敢に立ち向かったものの、数で圧倒され、敗北の苦杯を嘗《な》めたとする独ソ戦像だ。

ちなみに、サブカルチャーによるドイツ軍美化の問題は、アメリカにも存在している。これを研究した歴史家スメルサーとデイヴィス二世は、かかる現実にはない戦史イメージに固執する者を「夢想家」(romancers)と呼んだ(Ronald Smelser/Edward J. Davies II, *The Myth of the Eastern Front. The Nazi-Soviet War in American Popular Culture*, Cambridge et al., 2008)。

しかし、「夢想家」たちの執着が、若い層への歴史歪曲の押しつけにつながっているとなれば、そう鷹揚《おうよう》に構えてもいられない。カレルやアーヴィングによって「培養」された偏見は、往々にして「歴史修正主義」の範疇《はんちゅう》に至っているのだ。複数の若いマニアが訴えるところによれば、古参のなかには、アウシュヴィッツはユダヤ人のでっちあげであるとか、ヒトラーの対ソ戦決断は、スターリンのドイツ侵攻計画に先手を打ったもので、何の問題もないなどと公言してはばからない人々がいる。看過できないのは、それらの人物が、長年趣味の世界に貢献してきたがために、大きな影響力を持っていることだ。彼らは、その立場を利用し、自分たちの意見に従うよう、後進たちに強要する。具体的には、右のような主張に同調しなければ、趣味の集まりやイベントから排除していく——あるマニアの言葉を借りると、

「逆らえばハブられる」のだという。まさしく「趣味の歴史修正主義」ともいうべき状況が存在しているのである。

「戦史研究家」のトリック

そうした「趣味の歴史修正主義」者たちが、おのが正当性の根拠として、しばしば引き合いに出すのは、ミリタリー雑誌等に寄稿する戦史研究家たちの記述である。むろん、そのような文筆家には、好きこそものの上手なれで、舌を巻くほどによく調べ、傾聴すべき議論を展開する者も少なくない。だが、一方で、新しい文献を調べようともせず、カレルやアーヴィングの訳本で得た知識レベルに安住した記事や著書を出す者がいるのも事実である。彼らにとっては、右の両者が元ナチやネオナチのイデオローグで、その著作が資料として信頼できないというのは、よほど不都合なことであるようだ。なかには、敢えて無理な擁護論を述べる者もいる。

たとえば、前出のアーヴィングによるロンメル伝『狐の足跡』は、今日では、恣意的な引用、拡大解釈、史料の歪曲があり、きわめて問題のある著書であると具体的に証明されている。にもかかわらず、『狐の足跡』が、ロンメルの未亡人と息子のマンフレートの協力を仰いだ上で執筆されており、同書が刊行されたときにも、存命だった二人の遺族が異議を出していないことから、そこに引かれた文書や発言は信用できるとする戦史研究家もいる。

しかし、『狐の足跡』刊行当時には、ロンメル未亡人はすでに、この世の人ではなかった。彼女は一九七一年に死去しており、一九七七年に原書が出版された『狐の足跡』をチェックすることは不可能だった。そもそも『狐の足跡』には、「ロンメル夫人とは生前、二回あって話をしたことがある」との一文があり、出版以前に彼女が死去していたことが明示されているのである。息子のマンフレートもまた、『狐の足跡』に関して口をつぐんでいたわけではなく、一九七八年に、ドイツの週刊誌『デア・シュピーゲル』のインタビューに応じて、アーヴィング批判を述べている。つまり、無知からなのか、故意なのか、当該の戦史研究家は事実を歪曲して、『狐の足跡』を擁護したことになる。

カレルについても事情は同様で、英語圏の戦史研究書の参考文献目録を並べ（なぜか、ドイツ語の資料は示されない）、そのいずれにおいても、パウル・カレルの著作が挙げられているのだから、それらは今なお資料価値を認められているのだと主張する者もいる。歴史研究に必要な初歩的知識の欠如というほかない。当然のことながら、歪曲にみちた歴史修正主義者の著書を批判するために引用した場合であろうと、典拠をあきらかにし、註や参考文献に示すのは、歴史叙述のルールである。だからといって、それは、当該書に資料価値を認めることとはイコールではない。

その原則に従った記述を表すものとして、オーストラリアの歴史家デイヴィッド・ストーエルの『キエフ一九四一年』の例を引こう。なるほど、ストーエルは、カレルの『バルバロッサ作戦』の英訳を参考文献目録に載せてはいた。ところが、本文の註には、以下のように明記されている。「シュミット〔パウル・カレル〕は、戦争中、ドイツ外務省に勤務し、ナチ・プロパガンダを指揮した。彼は親衛隊の中佐でもあった。その戦後の歴史作品は広範な読者を得たが、そこには、元ナチに共通する多数の問題ある断定が反映されている」(David Stahel, *Kiev 1941. Hitler's Battle for Supremacy in the East*, Cambridge et al., 2012, p.381, n.103)。

この種の「戦史研究家」を自称する人々が、こうしたトリックを使ってまで、カレルやアーヴィングを擁護する動機に、政治的な意図を持つ歴史修正主義があるのかどうか。今のところ、それはさだかではない。しかし、彼らの記事や著作が「趣味の歴史修正主義」者の拠って立つ基盤になっていることはたしかであろう。

「学術専門誌をやっているわけではない」

以上述べてきたような状況を、ますます深刻なものとしているのは、いわゆるミリタリー雑誌や一般向けの歴史雑誌だといえば、いぶかしく思われるだろうか。かつて、軍艦や航空機、戦車や銃器、また戦史や軍事を扱う雑誌や書籍は、メカニックに集中していることは否めないものの、高度に専門的な内容を誇っており、執筆陣も、旧軍人や自衛官、新聞記者、防衛産業の技術者などで構成されていた。掲載される記事、刊行される本も、信頼性が高く、疑ってかかる必要などなかった。もちろん、現在でも、その水準を保とうと努力している出版社・編集部が大半であろう。

だが、出版不況とともに部数が維持できなくなり、経営が苦しくなるとともに、事実を踏まえていない記事が、誌面の一部に忍び込んでくるようになった。読者の関心が細分化し、オーソドックスな記事を並べたのでは売り上げが立たなくなった結果、先行研究や史料を無視したものであろうと、鬼面人を驚かす式のことを書く筆者、あるいは、事実でなくとも、読者の耳に心地よいことを述べる論者が重用されるようになってきたのである。それらのライターもまた「需要」に応《こた》えて、正当な立証手順を踏むことなく、奇矯《ききょう》な説を唱えた。そのなかには、すでに触れたカレルやアーヴィングを擁護する者も含まれている。

こうした風潮のなか、事実でなかろうと「物語」として面白ければ、それでいいという編集者も現れてきた。他人の例を挙げればさしさわりもあろうから、筆者自身の経験を述べよう。数年前のことだが、某歴史雑誌より、紫電改《しでんかい》で有名な三四三航空隊の松山《まつやま》上空での初陣（一九四五年三月十九日）について、記事を書いてほしいとの依頼があった。この空戦は、従来、三四三航空隊が米軍機を多数撃墜、大勝利を上げたとされてきたものだ。その三四三航空隊の活躍を描いてほしいというのである。とうてい受けられない注文だった。というのは、その時点で、米軍側の文書を精査した研究書（ヘンリー境田／高木晃治『源田の剣』、改訂増補版、双葉社、二〇一四年）が刊行されており、米側の本当の損害は十四機にすぎないと確認されていたからである。その旨を編集者に告げたところ、では、注文を取り下げ、別のライターに頼むとの答えが返ってきた。

およそ一か月後、書店で見かけた当該号には、否定された旧説にもとづく三四三航空隊の奮戦が張り扇を鳴らさんばかりに書き立てられており――小さな活字で、最新研究では戦果は十四機とされているとの註釈が付せられていた。その筆者、あるいは担当編集者のせめてもの良心の表れだったのだろうか。

また、別の歴史雑誌の編集長に、同誌に掲載された記事のいくつかは、史料的に成り立たない虚構、あるいは誤った理解を主張していると、いちいち根拠を挙げて指摘し、もしライターの手に余るのであれば、専門の研究者に取材した上で、読みやすいようにまとめればいいのではないかと提案したこともある。編集長の答えは、「うちは学術専門誌をやっているわけではない」であった。その際、彼が浮かべていた薄笑いは、今日までも忘れられないでいる。

ゆっくりでも堅実な歩みで

このように、趣味を通じた歴史修正主義の浸透は、一部の「戦史研究家」やミリタリー・歴史雑誌の論調に助けられ、憂鬱《ゆううつ》な様相を呈している。けれども、彼らの発言や歴史修正主義的な出版物の刊行を法的に封じることは困難であるし、理念的にもよろしくない。いうまでもなく、民主主義体制における言論の自由は、民主主義を敵視し、破壊しようとする言説をも許容するものだからである。それは、民主主義の弱みであると同時に、その価値を保証する要素であろう。

従って、草の根的な「趣味の歴史修正主義」に対しては、それが誤りであり、現在の定説とされている理解はこれだと、機会を捉《とら》えては、繰り返し根気強く説いていくほかあるまい。それは、心細くもあり、迂遠《うえん》と思われるやりようである。けれども、ゆっくりでも堅実な歩みこそが、ひそやかに広まる歴史修正主義への、もっとも効果的な処方箋《しょほうせん》であると信じる。

（『ＳＹＮＯＤＯＳ』二〇一九年十一月十八日掲載）

戦争の歴史から何を、いかに学ぶのか

はじめに

このたび、拙著『独ソ戦　絶滅戦争の惨禍』（岩波新書）で、二〇二〇年の新書大賞を受けることになりました。聞くところによれば、選考委員諸氏より過分の評価をいただいての決定との由《よし》、なんとも光栄で、また面映《おもは》ゆい気分です。とはいえ、拙著が評価されていることについて、少なからぬ数の読書人が戸惑いを覚えているように見受けられます。

なぜ、独ソ戦などという凄惨《せいさん》な戦争の歴史を描いた本が多くの読者を獲得したのか、それははたして一般に常識として踏まえておかねばならぬような知識を提供することを目的とする新書のかたちで出されるべきものだったのか？

こうした問いかけにお答えすることは、もとより拙著執筆の動機を説明することになりましょうし、ひいては、現代日本の戦争や軍事に対する視座の問題点を指摘することになるかと思います。

旧軍における学問的アプローチの欠如

迂遠なようではありますが、まずは、近代以降の日本において、戦史や軍事史がいかに扱われてきたかという点から、論を起こしましょう。旧陸海軍に関する史資料を収蔵する文書館、たとえば、防衛省防衛研究所図書館や靖《やすくに》国神社偕行文庫などで、「戦史」というワード検索をかけてみると、膨大な数の文献がヒットするはずです。そのリストを見れば、さすがにプロフェッショナルである帝国軍人は、戦争について深く研究してきたのだと思いたくなる。しかしながら、それは錯覚にすぎません。多くの例外があることを承知の上で、鋭利な鑿《のみ》で丹念に削り出すのではなく、鉈《なた》を揮《ふる》うようにして断定するならば、旧陸海軍のアプローチのほとんどは「教訓戦史」の域に留《とど》まっていたといえます。

どういうことか。欧米の軍隊において、十九世紀にはじまった近代的な戦史・軍事史研究は、従軍者の論功行賞の前提とする、あるいは、社会に対して軍の存在意義をアピールするといった性格を残しつつも、将来に資することを目的として、戦闘、作戦、戦争を分析するようになっていきます。両世界大戦で列強が採用した用兵思想は、おおむね、そうした過去の研究から着想されたものであったといっても過言ではないでしょう。また、そのような営為をより有効にするために、公刊戦史の執筆者として、軍隊経験を持つ民間人の歴史学者や政治学者を起用するなどといったことも一般に行われはじめました。事実を再構成し、その意味を解釈するには、軍人のみならず、人文・社会科学の眼が必要であることが経験的にあきらかになったからです。こうして、「古い軍事史」、オーソドックスな戦史の方法論は、第二次世界大戦を経て、長足の進歩をとげました。これについては、後段で述べます。

もちろん、日本陸海軍の戦史・軍事史研究も、こうした流れをみておりました。にもかかわらず、右のごときアプローチが取られることは稀《まれ》でした。戦史・軍事史から、日本軍がこう戦うと定めた方針、いわゆるドクトリンに都合のいい例を抜き出し、おのれの正当性を確認することに終始したのです。

具体的な例として、「シュリーフェン計画」の評価について述べましょう。第一次世界大戦前に、ドイツ陸軍参謀総長のシュリーフェンは、つぎの戦争ではロシアとフランスという二大強国を同時に相手にすることを余儀なくされると判断し、極端な戦略を立てました。ロシアの領土が広大であるため、動員に時間がかかることに注目し、主力を西部戦線に集中、まず短期決戦でフランスを降《くだ》したのち、返す刀で東部戦線に兵力を移し、戦争を継続するとしたのです。さらに、西部戦線での作戦も、右翼に兵力を集中、長駆進撃して、フランス軍を包囲殲滅《せんめつ》するというものでありました。主力の進路も、パリの西側を通過するように策定されています。東側、つまりドイツ寄りのそれではありません。どれほどの機動を予定していたか、おわかりになると思います。

今日では、この構想は、外交や経済の要素を度外視した無謀な計画であったとして批判されております。作戦的にも、シュリーフェンが定めたような長距離の進撃は、当時の軍隊の能力や補給の実情からして不可能であったというのが、おおかたの評価であると思います。

ところが、多くの日本陸軍将校は、現実には後任参謀総長の小モルトケが改悪してしまったために蹉跌《さてつ》したものの、原案通りに実行していれば、ドイツは第一次世界大戦に勝利したとする言説――これも、現代では、シュリーフェンに近かったドイツ軍人が敗戦後に流した主張であったと判明しています――を肯定しました。そして、シュリーフェン流の気宇壮大な機動・包囲戦こそ、日本陸軍が採るべき作戦の模範ともてはやしたのです。たとえ、当時入手し得た史資料だけでは、「シュリーフェン計画」必勝論が神話にすぎないことを見抜けなかったとしても、歩兵の行軍速度や兵站《へいたん》の推進能力など、日本陸軍がすでに有していたはずの経験知を物差しとして当てはめれば、かかる構想は机上の空論であると結論づけられたはずなのですが。

一事が万事であります。日本陸海軍は、将来の戦争に備え、真の見通しを得るために、過去と真剣に向き合うのではなく、おのが既定方針を補強する戦例を探し、そこから都合のいい教訓を引き出して、自らを肯定するアプローチ、「教訓戦史」に頼ったまま、あの戦争に突入したのです。旧軍は何故に、かような視野狭窄《しやきょうさく》におちいったのか。第一次世界大戦で明示されたようなかたちの総力戦は、日本の貧弱な国力では遂行できない。そうした、語られざる共通認識が自己欺瞞《ぎまん》としての「教訓戦史」につながったのではないかと、わたくしは考えておりますが、それはまだ漠然たる仮説でしかないことをお断りしておきます。

咀嚼されていない「古い軍事史」の方法論

戦後の自衛隊が行ってきた戦史・軍事史研究も旧軍の轍《てつ》を踏んではいないだろうか。あるいは公開された自衛隊の研究成果、あるいは折りに触れて洩《も》れ聞く挿話から、そうした危惧《きぐ》を抱かずにはいられません。あの戦争の公刊戦史である全百二巻の戦史叢書《そうしょ》をはじめとする、防衛庁（現防衛省）・自衛隊による戦史・軍事史研究は、事実の再構成においては、多大な成果を挙げました。しかし、これからあり得る有事に備え、現在まさに有益な戦訓を過去から汲《く》み取るという点ではどうでしょう。

すでに述べたように、欧米における戦史・軍事史研究（本稿でのちに触れる「新しい軍事史」、すなわち、日常史・社会史的アプローチを主とするものとは異なる、「古い軍事史」ということです）は、両大戦間期から第二次世界大戦を経て、学問的かつ「批判的《クリティッシュ》」な水準へと脱皮しました。ここでいう「批判的」とは、あら探しをし、何かケチをつけてやろうとするようなトゲトゲしい精神を指しているわけではありません。教条主義的に、あらかじめ定められた「正答」に向かって対象に当たるのではなく、懐疑と批判精神を以《もっ》てテーマに取り組み、より貫徹力の大きな解釈を得ようとする姿勢のことです。

そうした方法論の進歩によって、今日では「古い軍事史」研究にあっても、時系列に沿って事実を並べるがごとき叙述はすたれております。たとえば、ある戦闘を研究・分析するに際しても、「戦争の諸階層（levels of war）」、つまり、戦争目的を定め、そのために戦力化された国家のリソースを配分する「戦略」、戦略の要求に従い、各方面で軍事行動を実施していく「作戦」、作戦実行に際して生起する個々の戦闘に勝つための方策である「戦術」の三つの次元を枠組みとして、批判的に考察することが当たり前になっているのです。さらには、組織文化・制度論の面から軍隊の強弱を分析する「軍隊有効性（military effectiveness）」論、また作戦史と政治外交史の結節をはかる研究なども進められております。やや逆説的なもの言いになりますが、「古い軍事史」研究は、その枠内で革新を行ってきたのでありました。

しかしながら、洩れ聞くかぎり、自衛隊の戦史・軍事史研究は、こうした流れを咀嚼《そしやく》せず、戦史叢書等を文字通り「教科書」とするものとなっているようです。たとえば、硫黄島における栗林忠道中将についても、その「指揮」を批判的に検討し、通時的・共時的な意義を探るのではなく、もっぱら彼の「統帥」――将兵を立派に戦わしめた武人であるとの顕彰に留まっている研究・教育が少なくないとか。

これは、あらたな「教訓戦史」ではないでしょうか。このような戦史・軍事史の研究から、はたして、将来あり得る紛争に応用し得る知を引き出すことができるのだろうか。懸念を覚えるのは、わたくしだけではありますまい。

「新しい軍事史」は古くなっていないか

旧軍・自衛隊の戦史・軍事史研究に至らぬ点があるとすれば、ひるがえってアカデミズムのそれはどうか。こちらもまた、とても豊穣《ほうじょう》な地平が開けているとはいえません。そもそも戦前から、軍事や戦争などアカデミズムが扱うものにあらずという風潮があったことはよく知られています。そうした傾向は、戦後になると、国民が嘗めた辛酸から反戦・反軍感情が強まったことと相俟《あいま》って、いっそう顕著になりました。このような背景から、若干の例外はあるにしても、アカデミズムにおいて軍事史プロパーの研究はなされず、また、欧米の成果が学術書や研究動向紹介で触れられることもなきにひとしいという状態が続いてきたのです。

けれども、二十一世紀に入ったころから、注目すべき変化がみられるようになりました。日本でも、社会史・日常史の関心から、軍事という「未踏地」に入ってくる研究者が現れたのです。これらの人々は「新しい軍事史」、あるいは「広義の軍事史」研究を唱え、多数の興味深い成果を挙げております。しかしながら、わたくしのみるところ、日本の「新しい軍事史」研究者は、ここまで述べてきたような特殊事情によるハンデを負っていたように思われます。

いうまでもなく、欧米の「新しい軍事史」研究者は、「古い軍事史」の土台に乗って、新しい分析や議論を展開することが可能でした。ところが、日本の研究者には、あいにく、そのような踏み台がなかったものですから、結果として、軍事の常識を踏まえずに軍事史の議論を展開するという極端な例すらみられるようになりました。

さらに、もう一つ、日本の「新しい軍事史」研究に共通する奇妙な特徴は、戦闘、もしくは戦場の忌避であります。軍隊は戦闘に従事し、それに勝つことを目的とする組織であることはいうまでもありません。にもかかわらず、戦後ながらく続いてきた戦争・軍隊嫌悪からなのか、あるいは「古い軍事史」の成果を無視したいという感情からなのか、日本の「新しい軍事史」研究において、戦闘や戦場が対象とされることは、ほとんどないのであります。

実は、こうした事態に対する反省は、「新しい軍事史」の研究者にも存在します。たとえば、ロシア史を専攻する田中良英《たなかよしひで》教授（宮城教育大学）は、「……日本の近世軍事史研究をリードする阪口修平《さかぐちしゅうへい》らが、しばしば『広義の軍事史』の意義を主張する際に、いわゆる『狭義の軍事史』研究との差別化を強調している一方で、軍隊の実態を正確に理解するためには、戦術や装備など、むしろ『狭義の軍事史』研究で扱われていた、戦場での具体的活動に関わる内容との接合がやはり必要だ」と指摘されております（「一八世紀前半ロシア陸軍の特質――北方戦争期を中心に」『ロシア史研究』、二〇一三年、第九二号、三頁）。

二〇一九年の新書大賞を受賞された吉田裕《よしだゆたか》名誉教授（一橋大学）が、日本の軍事史研究で手つかずのままに残されている分野は戦闘であるという意味のことをインタビューでおっしゃっていますが、これも同様の現状認識を示しているのではないでしょうか。

事実、欧米の「新しい軍事史」研究は、とうの昔に戦場や戦闘というテーマに踏み入っています。近世フランス軍事史の専門家であるジョン・A・リン教授（イリノイ大学）が二〇〇三年に上梓した『会戦』より引用しましょう。「文化というテーマを追求するにあたっても、この『会戦』〔という書物〕は、軍事史における本源的なファクトとは、戦闘、そのすべての危険や大量の犠牲といったことを含む実際の交戦であることを忘れはしないだろう。われわれは、直接戦闘を扱ってはいない研究からも、多くのことを学んではいる。しかしながら、戦争の歴史を、軍事制度の社会史や他の流血とは縁のない研究だけに転じることはできないのである」(John A. Lynn, *Battle. A History of Combat and Culture. From Ancient Greece to Modern America*, Boulder et al. 2003, p. XV)。

このような問題意識に接するとき、わたくしは、日本の「新しい軍事史」研究は古くなっていないかとの危惧を覚えるのであります。

空白を埋める

かくのごとく、日本の戦史・軍事史研究には、アプローチの新旧を問わず、方法論上の著しい遅れ、あるいは空白がみられます。そういってしまえば、わたくしが戦史・軍事史の論述に取り組む理由について、贅言《ぜいげん》を弄《ろう》するまでもないでしょう。空白を埋める。その単純素朴な目標をめざして、わたくしは文筆活動を続けています。拙著『独ソ戦』もその一環なのです。

けれども、読者のなかには、当然の疑問を持たれる方もおられることでしょう。戦史・軍事史研究が等閑視されるのは、それが日本社会にとって不要なもの(防衛の任に当たる自衛隊は措《お》くとしても)だからではないのか。戦争などという忌まわしいものは、研究する価値などないだろう、と。

より直截《ちょくせつ》的には、戦争がもはや、どこか遠い国のできごとではなくなったという状況のもと、戦争を知るということが必要になったとお答えすることができるかと思います。かつての冷戦時代においては、日本はアメリカとの同盟に頼り、西側チームの一員として、ごく限られた正面の守備に当たっていればよかった。また、憲法第九条の存在が、政治の手段としての戦争への誘惑を断つ歯止めとなっていたことも否定しません。そうした状況にあっては、当然、戦争の蓋然性《がいぜんせい》は低くなりますから、それを無視し、知らなくてもよいとする空気が圧倒的であったのも無理からぬことでしょう。

しかしながら、冷戦終結後、そうした歴史的にみても稀である、幸福な政治環境はなくなりました。戦後、日本人が、さまざまな努力を払って振り切ってきた戦争に追いつかれようとしている。わたくしのみならず、少なからぬ国民が、さような実感を抱いているのが現状でありましょう。「諸君は、戦争には関心がないというかもしれない。だが、戦争のほうは諸君に関心を持っている」というトロツキーの不気味な言葉が想起される事態であります。

そのとき、戦争を拒否、もしくは回避するためには、戦争がいかなる変化をとげ、現在、どのような性格を帯びているかを知る必要がありましょう。仮に反戦運動を展開するにも、新しい時代には、新しい戦争への理解、とりわけ、いかなる歴史的経緯をたどって、それが成立したのかを踏まえていなければ、説得力を持つことは難しいはずです。実際、拙著のみならず、少なからぬ数の軍事書が読まれだしているのは、かくのごとき問題意識が国民のあいだに生起していることの反映ではないかと思われます。

つぎに、大きな射程からみれば、人間とは、また、人間の集団とは何かを探究することを目標とする人文・社会科学にとって、戦争は、避けて通れない研究対象であることが指摘できましょう。むろん、人間がいかに効率的に人間を打ち倒すかを追求する戦争は、憂鬱なる研究分野であります。しかしながら、ignore（無視する）はignorance（無知）に至るという警句の通り、日本で戦史・軍事史が検討されてこなかったがゆえの空白は、人間の営為の探究に際して、もはや看過できない欠落となっていると考えます。

もし、拙著『独ソ戦』が広範な読者を獲得できたとするなら、それは、この空白を衝《つ》いたことが幸いにも、すでに述べたような需要に合致し、さらには、あるテーマに対して必要な知識をコンパクトなかたちで提供するという新書の性格に沿っていたからではないでしょうか。おそらくは今後も、そうした読者の要求は続くものと推測され、わたくしも、戦史・軍事史に関する空白を埋めるべく、いっそう努力していきたいと思っているしだいです。

（『中央公論』二〇二〇年五月号）

軍事・戦争はファンタジーではない

——『独ソ戦　絶滅戦争の惨禍』(岩波新書) が再び、注目されています。岩波書店によると、今年(編集部注。二〇二二年) は四回増刷し累計で十八刷十八・五万部に達しました。関心が集まる状況をどう受け止めていますか。

「今年一月、ロシア・ウクライナ間の雲行きが怪しいぞ、と言われていた頃から動きはじめました。二月末に侵攻が始まり、四月になってウクライナの首都キーウ近郊ブチャでロシア軍による多数の民間人の虐殺が報道されたあたりから、日本でも『どうも普通の戦争ではない』との認識が出てきて、絶滅・収奪戦争的なことをやっているのではないか、と思われだしたのではないでしょうか。そこでロシア軍の行動の理由を探ろうと、かつての絶滅戦争、すなわち独ソ戦をテーマにした拙著を手にとられたのだと思います。私の本をきっかけに、独ソ戦で起きた虐殺、収奪を直視して人類がどういう過ちを犯して、どういう惨状に至ったかを考えていただけると有り難いですね」

——ロシアは「非ナチ化」という大義名分を掲げてウクライナ侵攻に踏み切りました。「独ソ戦」と同じくナチスとの戦いを標榜《ひょうぼう》しています。

「ブチャの虐殺をはじめとする蛮行が暴露されたことで、ロシアがキーウ政権打倒や占領ではなく、独ソ戦と共通するような絶滅戦争、収奪戦争を仕掛けている実態が見えてきました。大量の死体埋葬資材を持ち込んでいたこと、また陥落したマリウポリをはじめ、占領地域から穀物五十万トン以上を略奪したり、市民数十万人を強制連行したことなどが報道されました。集団埋葬の準備や資源、抑留民の輸送など、即興ではできない。開戦前から準備していたはずです。

ロシアはプーチンのいう非ナチ化を戦争の大義としました。われわれは正義の戦いをしているんだ、というわけです。ウクライナは同じスラヴの兄弟ではなく独ソ戦ではナチスと協力、冷戦期にはアメリカのCIAの手先になった滅ぼすべき敵と認定したのです。虐殺や収奪ではなく有害分子を排除しているだけだ、という理屈です」

——侵攻開始から時が過ぎましたがロシアは勝利から程遠い。ロシア軍は弱いのですか。

「こうも未熟だとは、侵攻前は想像できませんでした。軍隊の強弱や作戦遂行能力はおおよそ小隊長、中隊長、大隊長、連隊長といった現場部隊指揮官の質にかかっていますが、ロシア軍のそれは、恐ろしいほど低いことがわかった。『ハンガリー動乱』『プラハの春』のように大兵力で威嚇すれば、無血に近い状態でウクライナをおさえられると考えたためか、その『弱い』軍隊で攻め入った。開戦後わずかな期間に将官が何人も戦死したのも、現場指揮官が頼りにならず、高級将校が前線に出て戦術行動を調整する必要があったのでしょう。兵器が本来の性能を発揮していないという指摘もあります」

——今回、改めて軍事を読み解く力や視点の重要性が指摘されています。軍事の視点を持つ意味や意義をどう考えますか。

「日本人は過去半世紀以上、軍事を知らなくて済んでいましたが、それは歴史的にみても稀な、幸運なことでした。日米安保体制下では北海道の一正面だけ守っていれば良かった。八〇年代には旧ソ連軍が北海道に上陸してくると騒がれましたが、実際は東西冷戦の大枠のもとで旧ソ連が大規模な侵攻作戦を実行する可能性は低かった。そういう状態だったから、軍事は自衛隊に任せて、知る必要もなかったのです。

ところが冷戦が終わり二十一世紀に入ると、ソ連崩壊前後の混乱で弱っていたロシアが力を回復、中国も経済力上昇とともに軍事力を強化し、北朝鮮は軍事一辺倒。日本周辺で軍事的な衝突が起こるかもしれない、と日本人も皮膚感覚で感じています。普通に丸《まる》の内《うち》のビジネスパーソンが国際的な軍事情勢を見据えて、世界情勢に及ぼす影響などが分からないと仕事にも直結する、という状況になったのだと思います」

――著作は最新の資料分析、多角的な視点で単なる兵器・軍事本と一線を画しています。研究のスタンスを教えてください。

「軍事・戦争はファンタジーではない、ということ。日本でドイツ軍をただカッコイイととらえるファンが多いのは欧州の戦争を遠いファンタジーとしてとらえているから。日中戦争は南京事件など日本軍の蛮行が明らかになっており、カッコイイどころではない。それと比べれば、欧州のユダヤ人虐殺や占領地住民虐殺は遠い日本では目をそむけやすい。清く正しいドイツ国防軍が共産主義の悪魔と戦い、刀折れ矢尽きた、と空想の世界に生きられる。

私はそうではないと、欧州の最新の研究成果による正確な軍事史を伝えるようにしてきました。日中戦の歴史が今も日中関係に影響するように、欧州の軍事史はナチスやスターリンへの認識や位置付けで今も国際関係に影響するのです。日本人だから、と知らないわけにはいきません」

——日本でも人気の戦記作家パウル・カレルの実態を説いて、話題を集めました。歴史修正主義を厳しく暴かれました。

「翻訳文化が衰え、訳されるべきものが訳されない現状もあって欧州戦史では日欧で数十年のギャップがあり、欧州ではとっくに歴史修正主義、フェイクと認定されているものが日本ではまかり通っています。

パウル・カレルという戦記作家がいます。『バルバロッサ作戦』『焦土作戦』『彼らは来た』などで有名です。大戦中はドイツ軍情報将校だったと自称していましたが、九七年に死去した後の二〇〇五年、ナチ党員で親衛隊員、外務省報道局長で宣伝工作を担ったエリートだったと暴かれた。私は〇九年に雑誌でパウル・カレルが元ナチで戦後は過去を隠したスキャンダラスな人物であることを書きました。たぶん日本で最初です。すさまじい反発が来ました。『独ソ戦の聖書』とたたえるファンがいくらでもいましたから。それでも十年以上を経て、パウル・カレルはでたらめという認識が広がりつつあります」

——日本の戦史研究にも携わっていますね。

「大学院に入る前、中央公論で『歴史と人物』の編集に携わりました。当時、健在だった陸海軍の参謀や将官クラスに取材できました。日中戦争の南京攻略を指揮した松井石根《まついいわね》の日記に『虐殺がなかった』という方向での改竄《かいざん》がなされて出版された、と報じたこともあります。

現在の日本の戦争を巡る言論はおかしな状況です。ネットの動画投稿サイトでは歴史・戦史を改竄したとんでもない陰謀論がはびこっています。歴史を直視せず、日本は悪くない、正しいと思いたがる悪い兆候です。今後もこうした傾向に対して、学問的に定まった事実や解釈を提示していきたいですね」（取材・文　山本哲朗《やまもとてつろう》）

（『北海道新聞』二〇二二年九月十三日）

あるジャーナリストの記念碑
——ジョン・トーランド『バルジ大作戦』（向後英一訳）解説

本書は、第二次世界大戦におけるドイツ軍最後の大攻勢とそれによって引き起こされた「バルジの戦い」をテーマとした史書・ノンフィクションの古典であり、一大ベストセラーになったジョン・トーランドの『バルジ大作戦』（原題は『戦闘　バルジの物語』[1]）を全訳したものである。

本稿では、主として、その同時代的反響や現代における意義を述べていきたいが、それは著者トーランドの生涯を概観する作業と不可分になろう。トーランドは、愚直に事実を追求する、卓越したジャーナリストとして名声を博しながら、晩年には陰謀史観の陥穽《かんせい》に落ちるという数奇な運命をたどった人物であるからだ。

ジョン・トーランドは、一九一二年にウィスコンシン州ラ＝クロスに生まれた[2]。一九三六年に名門私立のウィリアムズ大学を卒業したのち、イェール大学の専門職大学院「イェール演劇学校」に在籍していたこともある。若きトーランドは劇作家志望だったのである。もっとも、この方面での努力はなかなか実を結ばず、彼が書き上げた六本の長編小説、二十六本の戯曲、およそ百本もの短編小説は一つも売れなかった。しかし、しだいに歴史を題材とした記事で注目されるようになったトーランドは、一九五七年に最初の著作『空の船　大飛行船の物語[3]』を上梓した。

こうした実績を背景に、トーランドは本書『バルジ大作戦』のためのリサーチに着手する。軍の公文書に当たるのはもちろんのことであったが、それらの公開は当時充分に進んでいなかった。それゆえ、彼は「執念」といいたくなるような努力を払って、バルジの戦いを体験した人々への取材を敢行した。妻（トーランド夫人は日本人だった）とともにおよそ十六万キロを旅し、将官から一兵卒に至るドイツ軍と連合軍の参加将兵、当時現地にあった民間人など、数百人にインタビューしたのである。

ちなみに、かかる証言者がどこにいるのかをつきとめるトーランドの調査能力の高さとフットワークの軽さには驚くべきものがあった。一例を挙げるならば、彼は、『バルジ大作戦』

の取材のために、西独（当時）シュトゥットガルト市にあった公娼館《こうしょうかん》を訪ねている。トーランドは、そこにいるご婦人が、あるドイツ軍指揮官の未亡人であることを調べ上げていたのだ。

このような労苦の末に書き上げられたノンフィクションが無視されるはずもない。一九五九年に刊行された『バルジ大作戦』は多大なる称賛を得る。賛辞を寄せたなかには、本書でも言及されている第二次大戦の従軍漫画家で当時健在だったビル・モールディンもいた。「いかなる戦争小説よりも、はるかに夢中にさせられる」というのが、モールディンの感想だった。

その反面、『バルジ大作戦』は、しっかりと公文書に依拠していないという批判もなされた。ついには、トーランドは歴史学の専門訓練を受けておらず、学位も持っていないから、著作も信用できないというものさえ出たという。

しかし、かくのごとき根拠のない批判も、一九七〇年に太平洋戦争の通史である『旭日』(4)が刊行されるや、たちまち払拭《ふっしょく》された。この、戦前・戦中の日本政府や陸海軍の指導者たちへのインタビュー多数に依拠した大著は大きな反響を呼び、翌一九七一年には太平洋戦争に対する日本側の視点を英語圏の文献で初めて取り入れたと評価され、アメリカ合衆国のジャーナリストにとっては最大の名誉であるピュリッツァー賞を受けたのだ。

ジョン・トーランドの絶頂であった。

押しも押されもせぬ一流ジャーナリストとの定評を得たトーランドは、その後も大部のアドルフ・ヒトラーの評伝[5]など、現代史に題材を取ったノンフィクションを刊行しつづけた。しかし、このヒトラー伝にもすでにほのみえていたトーランドのある傾向は、しだいに顕著になっていく。彼が第二次世界大戦の枢軸側に寄せた共感は、歴史修正主義への逸脱につながったのである。

それが赤裸々に現れたのは、一九八二年に刊行された『恥辱』[6]だった。この著作で、トーランドは、日米開戦時の米大統領フランクリン・D・ローズヴェルトは真珠湾の艦隊が攻撃されることを知っていながら、ドイツをはじめとする枢軸国相手の戦争に合衆国を突入させるために敢えて警告を発しなかったとするテーゼに与した。

トーランドは、この手《て》垢《あか》のついた陰謀論を新しい革袋に入れるために、新しい史料や証言を得たと称してはいたが、それらの解釈には説得力がなく、はなはだしい場合には歪曲と取られてもしかたないものであったから、厳しい批判を浴びることになる[7]。

以後、トーランドの名声は陰りを帯びた。朝鮮戦争をテーマとした『決死の戦闘において朝鮮一九五〇～一九五三年』[8]などを著したものの、かつてのような評価は得られなかったのである。それでも、トーランドは長寿を得て書きつづけたが、二〇〇四年、コネティカット州ダンベリーにて、肺炎で没した。

では、トーランドがその後半生に示した傾斜は、発表時に『バルジ大作戦』が享受した栄光を打ち消してしまったのだろうか。著者の視座が揺れるとともに、ノンフィクションとしての価値を失ったのか？

むろん、そうではあるまい。

『バルジ大作戦』が刊行されてから六十四年、このアルデンヌの森林に繰り広げられた戦いの研究はいっそう深化し、トーランドの記述にも修正されるべき点や疑義があることはあきらかにされている。(9)にもかかわらず、『バルジ大作戦』の価値はフェイドアウトするどころか、いっそう高まったといってよい。現在では不可能になった、当事者に対する徹底的な取材にもとづき、トーランドが描きだした戦闘の虫瞰図《ちゅうかんず》は他を以て代えがたいものとなったのである。『バルジ大作戦』が版をあらためて刊行され、二〇二二年現在においても新刊で入手できることも、そうした評価の傍証となっているであろう。

前出のモールディンがいうごとく、「そこには、私が今まで読んだなかでも最良の、戦うアメリカ兵の描写が含まれている」のだ。

その妙については、読者諸氏が実際に本書に当たり、読み解いていただきたいが、一点だけ特記しておきたいことがある。それは、ドイツ軍のみならず、米軍将兵が犯したものも含めて、捕虜の虐待や殺害について克明な記述があることだ。そうした部分は、『バルジ大作戦』が出版された一九五九年のアメリカ社会にあっては、われわれが想像する以上にショッキングで物議をかもすタブーであったはずだ。

しかし、トーランドは書いた。

その勇気と事実を尊ぶ精神において、『バルジ大作戦』を書いた当時のトーランドは、功成り名遂げたあとの彼よりも、ジャーナリストとしての高みにあったといえよう。

そうしたことも含めて、『バルジ大作戦』は第二次世界大戦史研究の一里程となった記念碑的著作なのである。

なお、トーランドの仕事に関心を抱いた読者のために、以下、邦訳がある作品をリストアップしておく（すでに挙げたものは除く）。

――*But Not in Shame: The Six Months After Pearl Harbor*, New York, 1962.『真珠湾は燃えている――大東亜戦争の6カ月』（児島襄訳、恒文社、一九六四年）と『米軍敗走の180日――真珠湾からミッドウェーまで』（千早正隆・高田収蔵訳、上下巻、日本リーダーズダイジェスト社、一九七二年）の二種類の邦訳がある。

——*The Dillinger Days*, New York, 1963.『ディリンジャー時代——アメリカ・絶望の１９３０年代』、常盤新平訳、早川書房、一九六八年。

——*The Last 100 Days: The Tumultuous and Controversial Story of the Final Days of World War II in Europe*, New York, 1966.『最後の１００日』、永井淳訳、上下巻、早川書房、一九六六年。

——*Gods of War*, New York, 1985.『戦いの神々』、牛島秀彦訳、光人社、一九八八年。長編小説。

——*Occupation*, New York, 1987.『占領』、牛島秀彦訳、光人社、一九八九年。長編小説。

註

（1）John Toland, *Battle: The Story of the Bulge*, New York, 1959.

（2）以下の記述は、主として Bart Barnes, "Historian John Toland Dies", *The Washington Post*, January 6, 2004 ならびに Carlo D'Este, "Introduction," in: John Toland, *Battle: The Story of the Bulge*, paperback-edition, Lincoln, NE./ London, 1999.

（3） Ditto, *Ships in the Sky: The Story of the Great Dirigibles*, New York/ London, 1957.
（4） Ditto, *The Rising Sun: The Decline and Fall of the Japanese Empire, 1936-1945*, New York, 1970. ジョン・トーランド『大日本帝国の興亡』、毎日新聞社訳、全五巻、毎日新聞社、一九七一年。
（5） Ditto, *Adolf Hitler: The Definitive Biography*, 2 vols., New York, 1976. ジョン・トーランド『アドルフ・ヒトラー』、永井淳訳、上下巻、集英社、一九七九年。
（6） Ditto, *Infamy: Pearl Harbor And Its Aftermath*, New York, 1982. ジョン・トーランド『真珠湾攻撃』、徳岡孝夫訳、文藝春秋、一九八二年。
（7） かかる批判の詳細については、今野勉「真珠湾を『予知』した男たち」秦郁彦編『検証・真珠湾の謎と真実——ルーズベルトは知っていたか』、中公文庫、二〇一一年。
（8） John Toland, *In Mortal Combat: Korea, 1950-1953*, New York, 1991. ジョン・トーランド『勝利なき戦い——朝鮮戦争　1950—1953』、千早正隆訳、上下巻、光人社、一九九七年。
（9） たとえば、イギリスの軍事史家キャディック＝アダムスは、本書第一部第二章〈ラインの守り〉冒頭に描かれた、総統大本営における会議の席上、ヒトラーがインスピレーションを得てアルデンヌ反攻を発想するという、はなはだ劇的な一幕について、疑いを投げている。これは将軍たちに感銘を与え、畏服させるためのパフォーマンスで、実際には事前に統帥幕僚部長のヨードル上級大将と検討済みだったのではないかというのだ。興味深い説ではあるけれども、キャディック＝アダムスの推論は状況証拠によるもので、資料的な裏付けはない。Peter Caddick-Adams, *Snow & Steel: The Battle of the Bulge, 1944-45*, Oxford et al., 2015, pp. 40-43.

（早川書房、二〇二二年十月）

第五章　碩学との出会い

山本五十六、その死の謎を問う
——保阪正康『山本五十六の戦争』（毎日新聞出版、二〇一八年）書評

連合艦隊司令長官山本五十六は、対米開戦不可なりとしながらも、実戦部隊の総帥として、おのが主義主張に反する戦争を遂行し、ついには前線での死をとげることになった人物だ。その悲劇は、多くの日本人の関心を惹《ひ》いた。当然、山本の評伝も少なくないわけだが、そのなかにあって、昭和史の研究に携わってきた著者があらたなアプローチに挑んだのが本書である。

長年、当事者・関係者のインタビューを重ねてきた著者らしく、山本に近しい人物の談話によって、文書に残りにくい当時の「空気」を探究し、また、山本の働きかけで終戦内閣が組まれていたらという反実仮想の手法を採用して検討するなど、注目すべき点は多々ある。

しかし、とりわけ重要なのは、昭和十八年四月十八日に搭乗機が撃墜された際、ジャングルに落ちた機体のなかで、山本はなお命を保っていたとの指摘であろう。

山本の遺体が、他の乗員に比べて非常に損傷が少なかったことは、一つの謎とされてきた。実は、機上戦死したのではなく、乗機が墜落したのちも地上で意識を保っていたものの、力尽き、こときれたのではないかとする説があったのだ。著者はそこから一歩踏み出し、検死報告や目撃者の証言から、山本は翌日まで生きていたものと推測した。

しかも、著者の問題意識は謎解きにとどまらず、山本の死の真相が究明されなかったことには、海軍の組織防衛的な操作があったとする。山本が生存していたのに救援隊を差し向けなかったとすれば、海軍当局が批判される。ゆえに真相をあきらかにすることはできなかったというのだ。政府もまた国民の士気を保つため、山本が壮烈な戦死をとげたとする欺瞞《ぎまん》に加担したとされる。

こうした議論も含め、本書には、著者のいう「二十一世紀の山本五十六論」が展開されているのである。

（『共同通信』二〇一九年二月配信）

紫電一閃

半藤一利さんに引き合わされたのは、今から三十余年前、一九八〇年代なかばのことになる。当時、私は中央公論社（もちろん、まだ新社ではなかった）の『歴史と人物』誌編集部に勤務していた。といっても、正社員だったわけではない。そのころ、『歴史と人物』は、八月十五日と十二月八日に合わせて出す太平洋戦争の特集号だけはよく売れるという状態だった。そこで、年二回、そのテーマで増刊号だけを発行することになったのだ。とはいえ、それでは、正規の規模の編集部は置けない。よって、責任者の横山恵一編集長とフリー一人で業務をこなすべしとの決定が下り、私が雇われたというわけだった。

ところが、この編集部、ちっぽけではあっても、編集長の私的ブレーンが贅沢だった。いまや昭和史研究の長老である秦郁彦教授、現大和ミュージアム館長の海軍研究家戸髙一成さん、そして、当時は文藝春秋社の取締役だった半藤一利さんが、企画の相談に乗ったり、寄稿したりしていたのである。不思議なことではあった。横山編集長から、いろいろお世話になっているから、失礼のないようになと、半藤さんを紹介されて、どうしてまたライバル社のひとが助けてくれるのだろうと首をかしげたことを覚えている。ただ、昔の出版界は、そうしたことが当然というか、大手や老舗《しにせ》の版元は、みな横の連絡を密にしており、とくに中央公論社と文藝春秋社のひとたちは仲が良かった。伝説的な編集者、中公の粕谷《かすや》一希《かずき》と文春の池島信平《いけじましんぺい》が親しかったというから、そのなごりだったのかもしれない。

それはともかくとして、あのころの半藤さんは、文藝春秋本誌の編集長をしりぞき、経営陣の一翼を担うようにはなっていたものの、まだまだ現役、脂の乗ったジャーナリストだった。その実力を、まざまざと見せつけられたことがある。

インパール作戦の参加者を集めた座談会の入稿作業をしているときだった。横山編集長が考えあぐねているのが、机の向こうから伝わってくる。座談会記事のタイトルをつけかねて、思い悩んでいるのだった。どうするのかと見ていると、横山さんはおもむろに電話をかけた。

「もしもし、文藝春秋社ですか、半藤さんをお願いします」

好奇心にかられて、耳を澄ませていると、横山さんは、電話口に出てきた半藤さんに事情を説明した上で、なんと！　何かいい題名はないかと、意見を求めているのである。

（ええっ、他社の編集者に頼んじゃうのですか）と、私も驚いた。しかし、半藤さんもさるもので、五分後にまた電話をくれとの仰せだったという。そうして、また電話をかけた横山さんは、ふんふんと聞いていたが、やがて受話器を置くと、にこやかに言った。

「決まりだよ。『惨！　インパール作戦』でいく」

紫電一閃《いっせん》。

時代劇めいた言葉が、私の頭をよぎっていった。半藤さんのひらめきには、そんな文言がふさわしかった。半藤さんが最前線におられたころ、出版業界が牧歌的な雰囲気を保っていた時代のおはなしである。


（『週刊文春』二〇二一年五月六日・十三日号）

第二次世界大戦を読む

① ナチスの戦争 1918-1949（リチャード・ベッセル著、大山晶訳、中公新書）
② 二つの世界大戦（木村靖二著、山川出版社）
③ 大いなる聖戦　第二次世界大戦全史（H・P・ウィルモット著、等松春夫訳、国書刊行会、上下巻）

一九三九年九月一日、ナチス・ドイツはポーランドに侵攻した。二日後の九月三日、ポーランドと相互援助条約を結んでいたイギリスとフランスがドイツに宣戦布告する。第二次世界大戦が勃発《ぼっぱつ》したのである。この欧州の大戦は、やがてアジアの戦争と結びつき、のちに超大国となる米ソを巻き込んで、人類史上空前、そして、今のところは絶後のグローバルな惨禍をもたらした。そのアジア・太平洋正面での経緯は、当然のことながら、日本ではよく知られている。しかし、ヨーロッパの展開となると、スターリングラード攻防戦やノルマンディ上陸作戦といった挿話はともかく、全体像は意外に知られていないのではないだろうか。

①は、ヨーロッパの大戦の動因となったヒトラーとナチスの本質から説き起こし、彼らのイデオロギーからすれば、戦争は従来のそれではなく、人種戦争にほかならなかったとする視点を取る。そこから、両大戦間期より、第二次世界大戦、さらには戦後に至るまでを展望するのである。今のところ、ヨーロッパの第二次世界大戦の詳細を、もっとも簡便に知ることができる一冊といえよう。

歴史家のなかには、第一次・第二次の両世界大戦を、休戦を挟んだ「第二次三十年戦争」と捉《とら》える論者もいる。②は、そうした議論を踏まえて、二つの世界大戦がいかに二十世紀の形成に影響を与えたかを論じるもの。小冊子ながら、両大戦における戦争の性格の変化を分析し、また、第二次世界大戦が「帝国主義戦争」「反ファシズム戦争」「民族解放・社会革命戦争」等の複合的性格を有していたと指摘する。

③は、アジアや太平洋も含め、あらたな視点から、第二次世界大戦の全史を描こうとした野心作である。著者は、ときにspiky（とんがった）と評されるほど、辛辣《しんらつ》で、史実に対して

厳格な姿勢を取る研究者であるが、それだけに、本書は新鮮な指摘に富み、頁を繰る手が止まらなくなるほどに興味深い。なかでも重要なのは、アメリカや西欧では主流派である西側連合国の戦勝に対する貢献を過大評価する見解に異議を唱え、独ソ戦こそが第二次世界大戦の帰趨《きすう》を決めたとする視座であろう。主として英語圏の文献を通じてかたちづくられた日本人のヨーロッパ大戦観に修正を迫る、重要な文献である。

(『毎日新聞』二〇一九年十月六日)

わが人生最高の十冊

多くの人は、魅力的な英雄や劇的な戦いに心惹かれて歴史を好きになります。もちろん私もそうだったのですが、**『歴史とは何か』**は通俗的な物語を超えた、学問としての歴史の手ほどきをしてくれた本でした。

歴史とは単なる事実の羅列ではありません。歴史の記述の中にはどうしても語り手の主観が入り込むため、それを認め、かつ、その主観性がどのように表れているかの見極めが大切なのだとこの本では語られます。

歴史における「もしも」への批判も印象的です。たとえば「もし関《せきが》ケ原《はら》の戦いで西軍が勝っていたらどうなっていたか」。これを考えるのは面白いですが、単なる未練に過ぎず、歴史学にとっては意味がないという主張があります。本書ではこのような考えは「未練学派」という言葉で説明されるのですが、高校生だった私はこうした議論に魅了され、大学では歴史学を学ぶことに決めました。

『戦車大決戦』は、子ども向けの、戦車の歴史についての本です。水島龍太郎《みずしまりゅうたろう》はペンネームで、本名は近藤新治《こんどうしんじ》さん。元陸軍軍人で、防衛庁の戦史部で戦史叢書などを編纂《へんさん》されていた方です。また、土門周平《どもんしゅうへい》というペンネームで戦史書や軍事評論も発表しています。それだけにこの本のレベルは高い。

第一次世界大戦での戦車の登場から、第二次世界大戦における独ソ戦や日本軍のマレー進撃など、その作戦の詳細まで踏み込んでいる。この本を読んで戦車の名前を覚えただけではなく、戦争には戦術や戦略があるのだと学びました。やみくもに攻撃をするのではなく、兵や戦車を進めるのにも論理があり、勝利や敗北にも理屈があるんだと納得できたのです。

北杜夫《きたもりお》さんの「どくとるマンボウ」シリーズからは、自分が文章を書く上で大きな影響を受けました。ユーモアの面で語られることが多いですけど、私は抒情的な、美しい文体に惹かれます。ひとつだけ選ぶとすれば、長野県の旧制松本《まつもと》高校時代から、東北大学への進学に際して仙台《せんだい》に移住するまでのことを書いた**『どくとるマンボウ青春記』**ですね。内容ももちろんですが、松本の旧制高等学校記念館に行った時に、本に出てくる、寮の壁のいたずら書きの跡を見つけたことが、私にとって大きな思い出となっています。

『戦争論』は中学生くらいの時に戦争を論じた名著があると聞いて、図書館で借りて読みましたが、当然ながら歯が立ちませんでした。わからないままでは悔しいので、何度も読み返しては挫《ざ》折《せつ》して、大学に入ってからようやく完読できました。

『戦争論』はこうしたら戦争に勝てるというようなハウツー本ではありません。戦争という人間の営みの本質を探究する本なんです。内容は未完ですし、日本語版は哲学者が訳しているので、必ずしも軍事用語が適切ではなく、やたらと難しい言葉があてられています。

また、ナポレオン戦争や七年戦争が例として引かれますが、日本人にはそうした戦争の詳細はピンとこない。後年そのあたりを学習するにつれて、著者の主張が次第にわかるようになってきました。

読み通すのは骨が折れますが、「もし中国と戦えば」みたいな表面的なことではなく、軍事や戦争の根底を考える時に読むべき名著だと思います。

『戦艦武蔵』はタイトルからダイナミックな戦記物を連想する人もいるかもしれませんが、そういった本とは明らかに違う。非常に淡々と「戦争とは何か」「軍隊とは何か」を綿密な取材にもとづいて書いている。禁欲的な文体も、とても真似できるものではない。無駄を排除し、必要なことだけが書かれています。

出だしでは、シュロの繊維が九州一帯の市場から消えたことが描かれます。武蔵の建造過程を隠すために、海軍が買い占めたことがその理由ですが、必要以上にドラマチックには描かない。大げさに書かなくても大変なことが起こっていると伝えることはできますが、普通の書き手は不安になって、言葉をいろいろと飾り立ててしまうものです。それだけに、吉村《よしむら》昭《あきら》先生の姿勢は特筆に値します。

私は本を読む上では、文章の美しさを重視します。それを実感したのはドイツに留学していた際、日本学《ヤパノロギー》の研究所で谷崎潤一郎《たにざきじゅんいちろう》の『細雪《ささめゆき》』を読んだ時ですね。現地には二年ほど滞在していて、刺身が食べられないことなどは問題なかったのですが、日本語が読めないことは辛《つら》かった。そんな中、『細雪』の日本語に魅了され、日本語への飢えを解消できたんです。本の内容ももちろんのこと、趣向を凝らした文章を、これからも楽しみたいと思っています。

（取材・文　若林良《わかばやしりょう》）

1『歴史とは何か』E・H・カー著、清水幾太郎《しみずいくたろう》訳、岩波新書

「最初に読んだのは高校生の時です。語学力を伸ばしてからは原書と読み比べ、より理解を深めていきました」

2『戦車大決戦　史上に残る大地上戦』水島龍太郎（近藤新治）著、秋田書店

「『歴史と人物』という雑誌の編集に携わっていた時に近藤さんにお会いして、この本の思い出をお伝えできました」

3『どくとるマンボウ青春記』北杜夫著、新潮文庫

「北先生は私が中学生の頃、まさに一世を風靡《ふうび》していました。シリーズはこれまで百回以上は読み返しています」

4『戦争論』（上・下巻）クラウゼヴィッツ著、清水多吉《たきち》訳、中公文庫

十九世紀のドイツで生まれた、「戦争とは何か」を初めて理論的に探究した古典的名著。

5『戦艦武蔵』吉村昭著、新潮文庫

「吉村先生と仕事でご一緒した際、サインをいただく機会を逸してしまったのが心残り」

6『決定の本質―キューバ・ミサイル危機の分析』グレアム・T・アリソン著、宮里政玄《みやざとせいげん》訳、中央公論社

「具体的な事実を、概念を使って分析していく面白さを学びました」

7「独逸・新しき中世?」（『竹山道雄著作集①　昭和の精神史』所収）竹山道雄《たけやまみちお》著、福武書店

「日本と同盟を結ぶ直前、全盛期のナチス・ドイツに対して〝ノー〟を唱えた凄《すご》み」

8「海原にありて歌へる」（『大木惇夫詩全集　第二巻』所収）大木惇夫《おおきあつお》著、金園社

「言葉が美しい。詩全集はあまり持っていないのですが、大木先生と茨木《いばらぎ》のり子《こ》先生のものは手に入れました」

9『クリオの顔　歴史随想集』ハーバート・ノーマン著、大窪愿二《おおくぼげんじ》編訳、岩波文庫

日本史研究者ノーマンが歴史の女神に捧《ささ》げた、珠玉の随筆集。

10『権力のネメシス　国防軍とヒトラー』J・ウィーラー＝ベネット著、山口定《やまぐちやすし》訳、みすず書房

第二次世界大戦期までのドイツの内部を解き明かす。「〝語り〟の力に魅了されます」

最近読んだ一冊「道——自伝」（『全著作〈森繁久彌コレクション〉第一巻』所収）森繁久彌《もりしげひさや》著、藤原書店

「森繁さんの語りには普通の会話では出てこないような、しかし角が取れた、森繁さんが人生の中で自分の中に染み込ませた言葉が使われていて、それが面白いです。装丁もまた凝っていて、紙の本で読む確かな意義を感じさせます」

（『週刊現代』二〇二〇年六月二十七日号）

※本稿で挙げた本の中には、その後新版が出ているものもあるが、筆者が接した版を示した。

ある歴史家の決算報告
——芝健介『ヒトラー』（岩波新書、二〇二一年）書評

若いころ、聖書について、史上ナンバーツーの部数を誇っているのはナポレオンの伝記だと聞いたことがある。もとより真偽をたしかめるすべもないが、東西のさまざまな国々で出版されたナポレオン伝の数を思い浮かべれば、なるほど説得力のある話ではあった。しかし、二十一世紀も四分の一近くが過ぎ去った今となっては、別の歴史的個性が、あるいはナポレオンへの関心を抜いたかとも思われる。それがヒトラーであることはいうまでもない。

このナチス・ドイツの独裁者については、ジャーナリスティックな読み物から学術研究に至るまで、ただごとでない量の文献が刊行されてきた。主たるものだけでも、コンラート・ハイデン、ヒュー・トレヴァ＝ローパー、アラン・ブロック、ヨアヒム・フェスト、ジョ

ン・トーランド、イアン・カーショウら、戦後それぞれの時代の花形ジャーナリストや代表的な歴史家たちが分厚い著書をものし、その少なからぬ部分が邦訳出版されている。

こうした状況であるから、文字通り山をなしているヒトラー研究に一書を加えても、しょせんは屋上屋を架すだけのことになりはしないか。著者心理としては、ついそう考えて気後れしてしまいがちだ。にもかかわらず、日本のナチズム研究の権威である芝健介《しばけんすけ》東京女子大学名誉教授が、このたび、岩波新書の新刊として、評伝『ヒトラー――虚像の独裁者』を世に問うた。これは、歴史に関心のある読者ならずとも、耳目をそばだてずにはいられないだろう。

いかなるヒトラー像が描かれたのか。それは、どのような現代的意味を持っているのか。以下、その特徴を指摘するとともに、本書より得られた知見や洞察を述べていきたいと思う。

まず、注目されるべきは、文書館所蔵のそれを含む一次史料、同時代文献から最新の学術研究書に至るまでを博捜し、史料状況や先行研究を掌握・咀嚼《そしやく》した上で、現在望み得るものとして、もっとも正確な記述がなされていることだ――と、記さないわけにはいかない。だが、そのような指摘は実は当然すぎて、あまり重要ではない。

E・H・カーの『歴史とは何か』（岩波新書、一九六二年）に、歴史家が正確に史実を記述するというのは、職人が傷のないまともなレンガを選んで使うようなもので、とくに褒められることではないという意味の一節がある。もし、経験を積んだ歴史家である著者が「レンガ」を選びそこねているとしたら、そのほうが椿事《ちんじ》であろう。ここでは、本書の叙述は、スタンダードの位置を占めるに足る正確さを有しており、将来も長きにわたり参照されるべき存在になっていることを確認しておく。

しかし、より重要なのは、そうしてヒトラーの生涯、あるいは彼の死後に残った「神話」に関する史料や証言を吟味し、事実を判定していく作業において、著者が何を意図していたかである。

比喩《ひゆ》を用いるならば、それは、ナチ党、のちにはナチ政権が支配の仕組みを構築するために描き、プロパガンダの対象としたヒトラー像、同時代のドイツ人に一時的・表層的に与えられた経済の回復や領土拡張といった「ポジティヴ」な記憶、戦後までも残ったその残滓《ざんし》など、さまざまな歪《ゆが》んだ鏡（多くは平面鏡ではなく、凸面鏡となるきらいがあった）に映った姿ではなく、ヒトラーの実体に歴史学という物差しを当てて、その正確な身長を測ることにあったかと思われる。本書の副題「虚像の独裁者」が示すように、そうして計測されたヒトラーは、けっして長身でもなければ、恰幅《かっぷく》豊かでもなかった。

著者が、いわば醒《さ》めたパトス、冷静さを失わない情熱を以《もっ》て、そのような課題を追求した動機は、今日まで根強く残っているヒトラーの「虚像」に歴史的事実を対峙《たいじ》させ、前者の虚偽を知らしめたいとの願いであった。

最近もSNS上で話題になったが、ヒトラーは良いこともした、当時のドイツ人に社会的上昇や生活水準向上の可能性を与えたではないか、アウトバーンは彼の遺産だ、などとする言説は、現代の日本でもはびこっている。歴史学的には、それらはヒトラー政権以前に取られた施策が遅れて効果を現したにすぎないものであったり、財政や資源・労働力確保の破綻《はたん》から必然的に戦争に向かう危険なやりようであったと証明されているにもかかわらず、だ。

著者は、こうした現状への危機感をあらわにする。いわく、「……神話や過大評価に踊らされぬよう、できるだけ正確な事実にもとづくヒトラー像を分有することが、あらためて要請されているのではないだろうか」（v頁）と。同感である。ヒトラーが自認していた、もしくは、そう思わせたかった巨人のイメージにやすやすと乗せられることは、死せるデマゴーグのうつろなイデーに踊らされることにほかならないだろう。

この問題意識に従い、行論を進めるなかで、著者はさまざまの重要な指摘をなしているが、紙幅の制限上、本稿でそれらのすべてを示すことはできない。ただし、一点だけ、ヒトラーの著作『わが闘争』が、一九三〇年代の時点で進行中の「今日」、すなわち反ユダヤ主義の実現を事前に予言した書（同書の成立過程などを検討すれば、それは事実ではあり得ないのだけれども）としての機能を持たされ、また、そのような性格を有するものとして影響をおよぼしたとする主張（九三～九五頁）は、今後おおいに重視される論点と思われるので、とくに記しておく。

なお、新書としての読みやすさを考慮してか、本書では研究史のまとめは巻末に置かれているが、こちらも同時代のヒトラー評価から今日の「虚像」の問題に至るまでの幅広い論点を、簡にして要を得たかたちでまとめたもので、非常に参考になる。加えて、一九四七年生まれの著者が、そうした論争やさまざまな現象をリアルタイムで経験していることから来るアクチュアリティがあることも本書の顕著な特徴であろう。評者自身も、「意図派」と「機能派」の対立あたりからの経緯は、まさに「同時代的」に追っていたことであり、非常に生々しく感じた。

こうして読み進めてみると、本書はヒトラーという主題を超えた広範な問題を対象としており、長年にわたり、ドイツ近現代史、とりわけナチズムの諸問題を研究してきた歴史家芝健介の決算報告とみることができよう。著者は、ヒトラーという巨大なテーマ（「巨大な存在」ではない）を通じて、ナチズム、さらにはドイツ近現代史に関する見取り図を指し示したのだ。

もっとも——著者によれば、本書は「中間的考察」にすぎないという（三六二頁）。むろん著者の謙譲の精神が込められての言葉であろうが、読者としては、なお考究を進め、より浩瀚《こうかん》な研究を上梓する意欲の表れと「拡大解釈」させていただき、著者のいっそうの健筆を祈るしだいである。

(『B面の岩波新書』二〇二一年九月二十九日掲載)

ユーモアと寂寥と旅情と
――北杜夫『どくとるマンボウ航海記』（中公文庫、一九七三年）書評

「私の好きな中公文庫」のお題を受けて、とたんに一連の「どくとるマンボウ」ものとその独特のカバー（あらためてみると、サントリー宣伝部出身のイラストレーター佐々木侃司《ささきかんじ》氏の手になるものだった）、さらには、手擦《てず》れがするまでそれらを読みふけっていた十代のころのことまでが頭に浮かんできたのは、われながら不思議だった。

とはいえ、私と同年配のみなさんにとっては、そんな体験もさほど特異なことではあるまい。あのころ、北杜夫のユーモア・エッセイは若者を魅了し、ベストセラーとなっていたのである。もっとも、そうして増えたファンが、「どくとるマンボウ」シリーズをはじめとするエッセイを支持する「マンボウ派」と、純文学こそ著者の本領とする「幽霊派」（もちろ

ん、北杜夫の代表作の一つである『幽霊——或る幼年と青春の物語』に由来する）に分かれたのは、おおいに時代を感じるが——。

　やや話がそれた。私が「どくとるマンボウ」ものに夢中になったのは、その上品にして卓抜なユーモアのセンスに惹かれてのことだったのはいうまでもない。それはおそらく、戦前の山の手育ちであった著者に自然とそなわった資質だったのであろう。

　しかし、私は、可笑《おか》しさ以上に、しだいに北杜夫の文章の持つ寂しさ、そこからかもしだされる叙情に魅了されていった。実際、ユーモアや冗談まじりのアイロニーだけでは、あんなにも読み返したりはしなかったはずだ。北の読者なら必ずやうなずいてもらえると信じるが、その作品は、ユーモアを前面に押し出したものといえども、寂寥《せきりょう》の淡い青灰色にふちどられているのである。

　よって、ここでは、そうした特色がとりわけ顕著に示された代表例として、『どくとるマンボウ航海記』を「私の好きな中公文庫」に挙げたい。一九五八年、若き北杜夫が漁業調査船の船医として、インド洋や紅海《こうかい》、地中海《ちちゅうかい》や大西洋《たいせいよう》をめぐった半年の航海について書き綴《つづ》った「どくとるマンボウ」シリーズの第一作である。

　若い読者には、実際にお読みになって、その面白さを体感していただきたい。また、今日再び接するオールドファンにとっては、別の感慨が加わることだろう。そこに描かれているのは、半世紀以上前の憧《あこが》れを含んだ「遙《はる》かな国　遠い国」のありさまだ。それを描いた著者も、もはやこの世のひとではない。失われた世界への旅情と、なくしてしまったものへの哀惜から、著者が想定した以上の情動を覚えるのは、きっと私だけではあるまい。

（「私の好きな中公文庫」『ＷＥＢ中公文庫』二〇二二年十一月十四日掲載）

楽しみ方・端正であること・終わりの備え

「人生を決めた本」とのお題をいただいたからには、哲学書、あるいは東西の古典を挙げて、見栄を張りたいところではある。

実際、クラウゼヴィッツの『戦争論』など、戦争や軍事の歴史を研究・論述することをなりわいとするわたくしに大きな影響を与えた本がないわけではない。さはさりながら、毎日の暮らしに即して考えてみると、そうした書物が「人生を決めた」というのはどうも実感にそぐわない。

井上《いのうえ》ひさしは「市民」よりも、地に足のついた概念として「生活者」の概念を提唱した。わたくしも、この言葉を広く解釈させてもらった上で、観念的な自分ではなく、「生活者」

大木某《なにがし》をつくった本について述べることとしたい。

まずは**池波正太郎《いけなみしょうたろう》の『池波正太郎の銀座日記［全］』（新潮文庫）**（ここで示す本の著者はすべて私淑《ししゅく》する方々であるから「先生」と奉りたいが、みな他界して歴史的存在となられているため、敬称略とする）。わたくしに、おとなの人生の楽しみ方を教えてくれた書物である。

日々銀座を訪れ、映画や演劇を楽しむさまを描いていくその筆致は、一見、身辺雑記にすぎないかのように思われるかもしれない。

だが、個々の作品に寄せる寸評は厳格な美意識に裏打ちされ、直接・間接に触れる世間の事象への処断は自ら定めた掟《コード》を毛ほども動かしはしない。

池波は、けんめいに楽しむためにけんめいに働き、けんめいに働くために観て、食って、飲む。

おとなはこうして人生を楽しむのか。

ここまでおのが規範を守らなければ、豊穣なる歓びは得られないのか。

『銀座日記』を初読した二十代のわたくしは瞠目《どうもく》したものである。

さて、おとなの人生の楽しみ方をかいま見せてくれたのが『銀座日記』なら、端正な日常の送り方を教えてくれたのが、**吉村昭『わたしの流儀』（新潮文庫）**だ。吉村は多数の随筆集を出しており、そのいずれも滋味に富んだものであるけれども、代表的な一冊として、この本を挙げておく。

もちろん、さまざまな折に書かれたエッセイであるから、題材は多岐《たき》にわたる。吉村の主たるフィールドである歴史小説で証言や史資料などにいかに向き合うか、どのように日本語の魅力を引き出すか（当然のことながら、そこでは美意識が試される）、世間での立ち居振る舞い、旅路に感じることども、病との向き合い方……。

しかし、そうした多様さにもかかわらず、一貫した自制と節度があり、その規矩《きく》とするところはぶれない。憧憬《しょうけい》を禁じ得ない人生の挙措《きょそ》であろう。

自分がそうできているかどうかは措《お》くとして、わたくしは、日常にあっても、というより、日常にあるからこそ、心の裃《かみしも》を脱がない生き方が好きなのである。

かのように生きる、あるいは生きたいとして、では、いのちの果てに来るものにはどう備えるか。**淀川長治《よどがわながはる》『生死半半』（幻冬舎、のち幻冬舎文庫）**は、その最後の重要事に示唆を与えてくれる。

本書執筆当時、八十六歳だった著者は、講演の初めに「こんにちは、淀川です。来月の三日に死にます」と挨拶《あいさつ》するのが常だったという。むろん、人生の持ち時間の残り少なさを嘆き、絶望してのことではない。

「『明日には死ぬ』――本気でそう思ったとき、生きて暮らしている今日という一日がどれだけ輝いて見えるか。そんな大切な一日を、ぼんやり過ごしているわけにはいきません」

「『生』にこだわれば生きられず、『死』を覚悟すれば精一杯に生きられる。ゴールを見据えなければ、全力では走れません。だから私は、来月、死にます」

ことほどさように、『生死半半』は、よく死ぬことはよく生きることだという知恵にみちみちている。

できることならば、すべてを引用したいぐらいだが、それがかなわないのはいうまでもないし、あいにく本書は、ここに挙げた三冊のなかで、唯一絶版となっている。かかる名著が埋もれているのは残念でならない。


（『文藝春秋』二〇二三年五月号）

あとがき

昨今、紙媒体こそ減ったとはいえ、ブログ、SNS、ウェブマガジンなどで、随筆や小評論を発表する機会は急増している。さはさりながら、その多くはたちまち忘却のかなたに流れ去り、一冊の書籍にまとめることは、かえって難しくなっている。終わりの見えぬ出版の傾きも、そうした芳しからざる流れに拍車をかけているのはいうまでもない。

かような状況にあって、書きためた文章を本にできるというのは、もの書きにとって望外の幸せである。

「まえがき」で触れたように、発表した媒体も時期もばらばらで、雑駁《ざっぱく》なものになるのではないかと危惧《きぐ》したが、存外、いくつかのテーマを軸にすることができたことにほっとしている。初出媒体の編集者・記者諸氏の企画意図や筆者への注文・要望が適切だったことの一つの証左であろう。

紙幅の制限があるから、いちいちお名前を挙げることはできないが、ここで感謝の意を表しておきたい。
もちろん、さまざまなベクトルを持つ多数の文章を一書にまとめるという、厄介な任に当たった編集担当の岸山征寛氏にも、心より御礼申し上げる。

二〇二三年五月

大木　毅

初出一覧

※編集部注。初出よりタイトルを追加、改題しているものもある。

【第一章「ウクライナ侵略戦争」考察】

●「軍事の常識」による推論とその限界――戦史・軍事史と用兵思想からウクライナ侵略を考える……『「世界」臨時増刊　ウクライナ侵略戦争』岩波書店、二〇二二年四月

●ウクライナ侵略のゆくえを考える……『B面の岩波新書』二〇二二年六月十日掲載、岩波書店

●これから始まる「負荷試験」……『Ｖｏｉｃｅ』二〇二三年四月号、ＰＨＰ研究所

【第二章「独ソ戦」再考】

●日本と独ソ戦――執筆余滴……『B面の岩波新書』二〇一九年八月八日掲載、岩波書店

●スターリングラード後のパウルス……『B面の岩波新書』二〇一九年十一月七日掲載、岩波書店

●妥協なき「世界観」戦争……『週刊東洋経済』二〇二二年五月九日号、東洋経済新報社

●「社会政策」としての殺戮――ティモシー・スナイダー『ブラッドランド』（布施由紀子訳、ちくま学芸文庫、二〇二二年）書評……『ｗｅｂちくま』二〇二二年十一月十日掲載、筑摩書房

【第三章　軍事史研究の現状】

●第二次世界大戦を左右したソ連要因……『東洋経済オンライン』二〇一九年九月十八日掲載、東洋経済新報社
●軍事アナロジーの危うさ……『公研』二〇二〇年五月号、公益産業研究調査会
●一〇〇〇字でわかる帝国軍人
第一回「紋切り型」を疑う……『讀賣新聞』二〇二〇年十月二十六日朝刊
第二回「教訓戦史」の陥穽……『讀賣新聞』二〇二〇年十一月二日朝刊
第三回　帝国軍人と自衛隊……『讀賣新聞』二〇二〇年十一月十六日朝刊
第四回　多面的なアプローチを……『讀賣新聞』二〇二〇年十一月三十日朝刊
●コロナ禍と昭和史……『週刊文春』二〇二一年八月十二・十九日号、文藝春秋社
●熱なき光を当てる——『指揮官たちの第二次大戦』（新潮選書、二〇二二年）を語る……『波』二〇二二年六月号、新潮社
●「理性派」士官の研究と回想——大井篤『統帥乱れて　北部仏印進駐事件の回想』解説……中公文庫、二〇二二年七月
●苦闘の物語——武田龍夫『嵐の中の北欧　抵抗か中立か服従か』解説……中公文庫、二〇二二年九月
●「普通の」ひとの反戦・反ナチ抵抗——ヘルムート・オルトナー『ヒトラー爆殺未遂事件１９３９「イデオロギーなき」暗殺者ゲオルク・エルザー』（須藤正美訳、白水社、二〇二二年）書評……『週刊現代』二〇二二年十二月二十四日号、講談社
●キーポイントにいた提督——野村直邦『潜艦Ｕ—５１１号の運命　秘録・日独伊協同作戦』解説……中公文庫、二〇二三年二月

●参謀・ジャーナリスト・歴史家　加登川幸太郎の真骨頂――加登川幸太郎『増補改訂　帝国陸軍機甲部隊』解説……ちくま学芸文庫、二〇二三年三月

【第四章　歴史修正主義への反証】

●ゆがんだロンメル像に抗する……『プレジデント・オンライン』二〇一九年三月二十八日掲載、プレジデント社
●歴史家が立ち止まるところ……『現代ビジネス』二〇一九年五月二十九日掲載、講談社
●「趣味の歴史修正主義」を憂う……『SYNODOS』二〇一九年十一月十八日掲載、シノドス
●戦争の歴史から何を、いかに学ぶのか……『中央公論』二〇二〇年五月号、中央公論新社
●軍事・戦争はファンタジーではない……『北海道新聞』二〇二二年九月十三日
●あるジャーナリストの記念碑――ジョン・トーランド『バルジ大作戦』(向後英一訳)解説……早川書房、二〇二二年十月

【第五章　碩学との出会い】

●山本五十六、その死の謎を問う――保阪正康『山本五十六の戦争』(毎日新聞出版、二〇一八年)書評……『共同通信』二〇一九年二月配信
●紫電一閃……『週刊文春』二〇二一年五月六日・十三日号、文藝春秋社
●第二次世界大戦を読む……『毎日新聞』二〇一九年十月六日
●わが人生最高の十冊……『週刊現代』二〇二〇年六月二十七日号、講談社
●ある歴史家の決算報告――芝健介『ヒトラー』(岩波新書、二〇二一年)書評……『B面の岩波新書』

二〇二一年九月二十九日掲載、岩波書店

●ユーモアと寂寥と旅情と——北杜夫『どくとるマンボウ航海記』（中公文庫、一九七三年）書評……「私の好きな中公文庫」『WEB中公文庫』二〇二二年十一月十四日掲載、中央公論新社

●楽しみ方・端正であること・終わりの備え……『文藝春秋』二〇二三年五月号、文藝春秋社

地図作成　本島一宏

大木　毅（おおき・たけし）
現代史家。1961年東京生まれ。立教大学大学院博士後期課程単位取得退学。DAAD（ドイツ学術交流会）奨学生としてボン大学に留学。千葉大学その他の非常勤講師、防衛省防衛研究所講師、国立昭和館運営専門委員、陸上自衛隊幹部学校（現陸上自衛隊教育訓練研究本部）講師等を経て、現在著述業。雑誌『歴史と人物』（中央公論社）の編集に携わり、多くの旧帝国軍人の将校・下士官兵らに取材し、証言を聞いてきた。『独ソ戦』（岩波新書）で新書大賞2020大賞を受賞。著書に『「砂漠の狐」ロンメル』『戦車将軍グデーリアン』『「太平洋の巨鷲」山本五十六』『日独伊三国同盟』（以上、角川新書）、『ドイツ軍攻防史』（作品社）、『指揮官たちの第二次大戦』（新潮選書）、訳書に『「砂漠の狐」回想録』『マンシュタイン元帥自伝』『ドイツ国防軍冬季戦必携教本』『ドイツ装甲部隊史』（以上、作品社）、共著に『帝国軍人』（戸髙一成氏との対談、角川新書）など多数。

歴史《れきし》・戦史《せんし》・現代史《げんだいし》

実証主義《じつしょうしゅぎ》に依拠《いきょ》して

大木《おおき》　毅《たけし》

2023年 7月 10日　初版発行

発行者　山下直久
発　行　株式会社KADOKAWA
〒102-8177　東京都千代田区富士見2-13-3
電話　0570-002-301（ナビダイヤル）

装丁者　緒方修一（ラーフイン・ワークショップ）
ロゴデザイン　good design company
オビデザイン　Zapp!　白金正之
印刷所　株式会社暁印刷
製本所　本間製本株式会社

角川新書

ISBN978-4-04-082464-2 C0220